方程式のガロア群

深遠な解の仕組みを理解する

金 重明 著

ブルーバックス

装幀／芦澤泰偉・児崎雅淑
カバーイラスト／安斉 将
本文デザイン／齋藤ひさの（STUDIO BEAT）
図版／さくら工芸社

Évariste Galois

1811.10.25–1832.5.31

前口上

エヴァリスト・ガロア。

現代数学の扉を開いた、と評される画期的な理論を発見しながら、当時は評価されることもなく、ひとりの女をめぐる決闘で死んだ若き数学者。

駆けつけた弟に、「泣くな。20歳で死ぬためにはありったけの勇気が必要なんだ」と語ったのが最後の言葉だったという。

19歳で師範学校を放校となる前後、革命的秘密結社「人民の友の会」に参加し、不正、不義、腐敗に満ちた社会を変革する運動に邁進（まいしん）する。政治の世界でガロアの夢は実現しなかったが、ガロアの理論は数学の世界に革命をもたらした。

ガロアは、方程式が代数的に解けるための必要十分条件を見いだした。しかし重要なのはその発見ではない。それを発見するためにガロアが用いた方法が革命的だったのだ。

方程式を解くためには式を変形していかなければならない。変形の方法は無限にあり、そのすべてを調べ尽くすことなどできない。ガロアは数の世界の構造を調べることによって、その限界を克服した。まさに、計算の上を飛んだのだ。

ガロアの理論は現在数学のあらゆる分野で活躍している。ガロア理論抜きに、現代数学を語ることはできない。たとえばフェルマーの最終定理の証明でも、ガロア群の分析が重要な役割を果たしたという（このあたりになるとわたしにはま

ったく理解できないが……)。

　ガロアの伝記を読んでガロアに興味を抱き、ガロアが考えた数学ってどんなものなのだろう、と思っていた数十年前、一般の人を対象にしたガロア理論の解説書などほとんど無かった。それに比べると、一般向けのガロア理論の解説書が並ぶ最近の書店は、隔世の感がある。

　しかし多くのガロア理論の解説書は、体や群などの解説からはじまり、肝心のガロアの理論は最後の方に少しだけ、という構成になっている。ガロアの理論を理解するためには体や群についての知識が必須であり、しかたがないとも思えるのだが、実際にそういう本を手に取った人の中には、前置き部分で疲れてしまう、という人も多いのではないかと思う。

　拙著『13歳の娘に語るガロアの数学』(岩波書店)についても、おもしろく読んだけれど、最後の部分——肝心のガロア理論の部分——がわかりにくかった、という声を幾度も耳にしている。方程式の歴史を振り返りながらガロアの理論が形成されていく過程を歴史的に再構成する、というコンセプトで書き進め、それなりに成功したとは思っているが、特にガロア群についてあまり詳しく触れられなかった、という反省点もあった。13歳の娘を相手にするため、「この本では、一般のn次代数方程式に議論を限定しようと思う。そうすればそのガロア群はn次対称群となるので、ガロア群の構成という難問を回避することができる」という方針をとったせいでもあった。

　現代のガロア理論では、ガロア群は体の自己同型群としてとらえられている。そのため、方程式が与えられたときにそのガロア群をどのように構成するのか、というような問題は

些末な問題となり、正面から取り上げられることはあまりない。しかしそれでは、方程式のガロア群がちょっとかわいそうではないか、という思いもあった。

そこで、最初から方程式のガロア群を観察していく、という本を書こうと思い立ったのである。

あまり細かいことにはこだわらず、生物でも観察するように、ガロア群を観察してしまおう、というのである。

第1章からガロア群が登場する。群や体の用語が並び、とまどうかもしれないが、基本的な用語を解説しているだけであって、本格的な群論を展開しているわけではない。またこの章で扱う方程式は中学生でも解くことができるものだ。

第3章では1のn乗根、つまり円周等分方程式を扱う。これによって、ガロア群の仕組みが理解できると思う。円周等分方程式はガロア群について語る場合絶対に取り上げるべきテーマなのだが、前著では泣く泣く割愛した、という事情もあるので、少々詳しく記述してある。歴史的な1の17乗根も求めてみた。

さらにここでは「ガロア群の置換で不変である元は基礎体に含まれる」という定理を実感してもらいたい。プロの数学者にとっては当然すぎることなのだろうが、わたしのような素人には、「ガロア群の置換で不変」な複雑な式を計算していくと、基礎体に含まれていないαなどがきれいに消えていく瞬間は、実に気持ちがいい。

手計算などとてもやる気にならないややこしい計算も、いまはコンピュータという頼りになる助っ人がいる。しばらく前、初等整数論に凝っていた頃は、コンピュータを使って巨

大な整数の計算をして、さまざまな定理が成り立つことを実験することにはまっていた。フェルマーなどはそういう数学オタクの鑑(かがみ)ではなかったか、とわたしは密かに思っている。計算が苦手だったというフェルマーがもしコンピュータを手にしたら、随喜の涙をこぼしながら日がな一日コンピュータの前で時を過ごしたはずだ。まあ、そういうことばかりやっているから、女性が寄ってこないのかもしれないが……。

　また第1章や第3章で扱う群は、足し算やかけ算ができればいろいろといじくりまわすことのできる群だ。つまり小学生でも実験ができる群なのである。特に第3章に出てくる$\mathbf{Z}/p\mathbf{Z}^*$の乗法群はそれだけでなかなか楽しい内容を含んでいるので、いろいろと実験をして楽しんでもらえたら、と思っている。

　第5章では、ガロアの第1論文の記述にしたがって、方程式のガロア群をどのように構成するかを述べた。

　ガロアは死の前日、夜を徹して親友のオーギュスト・シュヴァリエにあてて手紙を書いた。その中で、自分の研究は3つの論文にまとめることができる、と記し、第1のものについて次のように書いた。

> 　第1のものは完成しており、そして、ポアソンがこれについてのべたことは気にせずに、ぼくがつけた訂正とともにそれを保存している。
> （『ガロアへのレクイエム』山下純一、現代数学社）

　これが現存しているガロアのもっとも重要な論文「累乗根で方程式が解けることの条件について」であり、ガロアの第

１論文と呼ばれている。フランス科学アカデミーに送付したが２度紛失、３度目はポアソンによって返送された論文だ。

　第２論文は方程式論のかなり興味深い応用、第３論文は積分に関するものとなるはずだったが、残念ながら完成していない。

　本書は、現代的なガロア理論ではなく、ガロアが考えたガロアの理論を述べており、ガロアの第１論文の内容にしたがっている。ガロアの第１論文は難解だと言われており、それだけで敬遠する人も多いだろうが、本書を読んでからガロアの第１論文に直接触れてみてはどうだろうか。ガロアの説明は実に素っ気なく、本当にそうなのかよ！　と突っ込みたくなる場所が多々あるが、ガロアが何を言わんとしているのかは、理解できるのではないかと思う。

　ガロアの第１論文はフランス科学アカデミーに拒否された。ガロアの思想はそれまでの数学に革命をもたらすものであったが、そのあたりが理解されなかったようだ。ガロアの思想がどのように革命的であったのか、本書によってそのあたりが浮かび上がってくるのではないかと期待している。

目 次

前口上…4

第0章
そもそも方程式を解くとは？…15

0-0 方程式を代数的に解く…16

　　　　　　　　　Note. 連分数の作り方…30

0-1 複素数の累乗根…31

第1章

2項方程式…39

- **1-0** 既約方程式…40
- **1-1** ガロア拡大体…44
- **1-2** 3次の2項方程式…54
  - *Note.* 分母の有理化…61
- **1-3** $\mathbb{Z}/5\mathbb{Z}$ の加法群…62
- **1-4** 基礎体、ガロア拡大体、ガロア群…71

第2章

ガロア群の位数が素数である方程式…75

- **2-0** ガロア群の位数が2…76
- **2-1** ラグランジュの分解式…78
- **2-2** 対称性を叩きつぶす…82
- **2-3** ラグランジュ vs. ガロア…90

第3章

円の分割を定める方程式…103

- **3-0** 円周等分方程式…104
- **3-1** 1の5乗根…107
- **3-2** 1の7乗根…131
- **3-3** 1の11乗根…149
- **3-4** 一般化…162
- **3-5** ユークリッド以来の快挙…166

第4章

一般の方程式…183

- **4-0** 対称群…184
- **4-1** 正規部分群…187
- **4-2** ガロアの対応…195
- **4-3** 一般の4次方程式…198
- **4-4** 一般の5次方程式…203

第5章
具体的な方程式のガロア群…211

- **5-0** ガロア群への無謀な突撃…212
- **5-1** 方程式のガロア群を構成する…215
- **5-2** 別の V でも同じガロア群…218
- **5-3** 3次方程式のガロア群…219
- **5-4** もうひとつ、3次方程式のガロア群…223
- **5-5** 彼女がかけがえのない人になるまで…225
- **5-6** ガロアがもたらした革命…232

索引…241

第0章

そもそも
方程式を解くとは？

0-0 方程式を代数的に解く

まず次の方程式を解いてみよう。
$$x^2 = 2 \quad x \geq 0$$

ほとんどの人は、何だこんな問題、と思いながら、次のようなこたえを思いうかべたはずだ。
$$x = \sqrt{2}$$

これで正解だ。付け加えることは何もない。

しかしである。

たとえば√ という記号をはじめて目にする江戸時代の和算家がこれを見たら、

「なめちゃいけない、ふざけちゃいけない」

と叫び出すかもしれない。

「詐欺だ！」

と怒りだすかもしれない。

こういう場面を想像してほしい。

学校で、ある数学の問題が提示された。

それに対してこうこたえたらどうだろうか。

「その問題のこたえを『答』と定義します。したがってこたえは『答』です」

よくできました、と褒めてもらうことはほぼ期待できないだろう。

ここでアルファベットやギリシャ文字ではなく「答」という漢字を使ったことに深い意味はない。最近では数学の論文に記号として漢字を使うこともあるらしい。ある国際的な数学の会議で、「tree」を意味する記号として「木」を使ったところ、漢字文化圏に属していない高名な数学者が、「内容

をこれほど見事に表現した数学記号があっただろうか」と激賞した、という話を耳にしたことがある。

ガロアも、書かれることのなかった論文の序文で「ラテン文字のアルファベットの後にはギリシャ文字を、それも使い果たしたらドイツ文字を、シリア文字だって使って悪いわけはないし、必要とあらば漢字も使えば、いくらでも方程式の数を増やせるのだ！」（『ガロア』加藤文元、中公新書）と書いている。

子供の頃、割り算がならんだ宿題のプリントを茫然と眺めていると、友人の兄がそれを見てこう言った。

「おれなら1秒で解けるぞ」

うんざりするような苦行を前にして絶望しかけていたわたしは、目を輝かせて言った。

「教えて！」

その人はおもむろにプリントにこたえを書いた。

たとえば789÷25という問題のこたえとして

$$\frac{789}{25}$$

と記したのである。

わたしは思わず

「そんなのインチキだ！」

と叫んだ。

わたしは、1秒で、789÷25＝31.56というようなこたえを出してくれることを期待していたのだ。

先の方程式に対して$\sqrt{2}$とこたえるのも、これと同じことだろう。

小数展開を旨とする和算家なら、

1.41421356237309…

というこたえを期待したかもしれない。
あるいは分数文化圏の算士なら、

$$1 + \cfrac{1}{2 + \cfrac{1}{2 + \cfrac{1}{2 + \cfrac{1}{2 + \cfrac{1}{2 + \cdots}}}}}$$

とこたえるかもしれない。この場合、小数展開と違って規則的なので、…の先も何が来るのか確定している。

つまり先の方程式に対して$\sqrt{2}$とこたえるということは、2乗して2になる正の数を$\sqrt{2}$と定義して、それをこたえだと言っているに過ぎないのである。単に言い換えをしたに過ぎず、問題には何もこたえていない、という非難を免れることはできないはずだ。

もうひとつ例を出してみよう。

$$x^5 - 6x + 2 = 0$$

これはいわゆる「解けない方程式」だ。しかし

$$y = x^5 - 6x + 2$$

とおいてグラフを描いてみれば、これが3つの実根をもつことがわかる。

微分すると
$$y' = 5x^4 - 6$$
$$= 5\left(x^2 + \sqrt{\frac{6}{5}}\right)\left(x + \sqrt[4]{\frac{6}{5}}\right)\left(x - \sqrt[4]{\frac{6}{5}}\right)$$

増減表を書いてグラフを描くと図0-0のようになる。

この3つの実根のうち最大のものをαと定義する。

そうするとこの方程式の解は

α

である。

2乗して2になる正の数を$\sqrt{2}$と定義して、$x^2 = 2$のこたえとしたのとどう違うのだろうか。

$\sqrt{2}$の場合は、1.41421356237309…のようにそれがどのような数だかわかっているが、αの場合はそうではない、という反論があるかもしれない。しかしその程度のことはαについてもわかる。

まずグラフを描く。これを見れば、

$$1 < \alpha < 2$$

ということがわかる。次に

$$f(x) = x^5 - 6x + 2$$

とおいて、これにいろいろな数値を代入してみる。すると、

$$f(1.4) = -1.02176$$
$$f(1.5) = 0.59375$$

となるので、

x	……	$-\sqrt[4]{\dfrac{6}{5}}$	……	$\sqrt[4]{\dfrac{6}{5}}$	……
y'	+	0	−	0	+
y	↗	7.02…	↘	−3.02…	↗

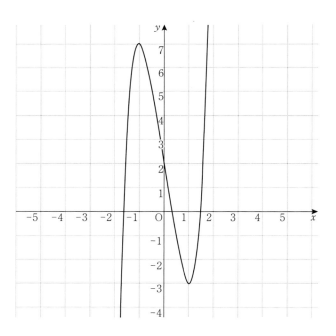

図0-0 $y=x^5-6x+2$ の増減表とグラフ

$1.4 < \alpha < 1.5$

とわかる。次に小数点以下第2位まで計算してみると、

$f(1.46) = -0.1261709024$
$f(1.47) = 0.044148550699998$

となるので、

$1.46 < \alpha < 1.47$

以下、いくらでも詳しく α の値を定めることができる。これはもっとも原始的な方法であり、実は α の小数展開をもっとずっと効率よく求める方法もある。江戸時代の和算家なら、その方法を用いて、そろばんを使ってあっという間に小数点以下数十桁まで求めてしまうはずだ。いまはコンピュータがあるので、それこそ1秒もかからない。

つまり $\sqrt{2}$ は許されるが α はだめだ、という言明に客観的根拠はない。$\sqrt{2}$ が許されるのは、根号 = $\sqrt{}$ が市民権を有している、という以上の理由はない。

いま例としてあげた

$x^2 = 2$
$x^5 - 6x + 2 = 0$

は代数方程式と呼ばれている。混乱する心配がない場合は単に方程式と言うこともある。以下の議論では代数方程式以外の方程式を扱うことはないので、特に強調したいとき以外は単に方程式と書くことにする。

代数方程式を一般的に書くとこうなる。

$$a_n x^n + a_{n-1} x^{n-1} + a_{n-2} x^{n-2} + \cdots + a_0 = 0$$

高校までの教科書はだいたいこのようにxの次数が高い順に並べるが、一般の数学書では逆に低い順に並べる場合もある。こんな具合だ。

$$a_0 + a_1 x + a_2 x^2 + \cdots + a_n x^n = 0$$

無限級数の並べ方と同じであり、aの添え字が0、1、2、…と並ぶのでこちらの方が落ち着くような気がするが、同じことだ。$a_n \neq 0$のとき、この方程式をn次代数方程式、あるいは単にn次方程式と呼ぶ。

a_0、a_1、a_2、…は定数であり、xは変数である。定数とは何であり、変数とは何か、と考えはじめるとわけがわからなくなり、実際微妙なところではそのあたりが問題となることもあるが、ガロアがそれを気にした様子は見られないので、ここは高校の数学教科書レベルの理解でよしとしておこう。もちろんこれ以後の議論でそこが問題になることはないので、ご安心を。

a_0、a_1、a_2、…が複素数であるなら、xは複素数の解を持つ。つまり複素数の範囲でこの方程式を解くことができる。複素数の範囲を飛び出すような解を持つことはない。

これはガウス（1777～1855）が証明した大定理で、代数学の基本定理とも呼ばれている。ガウス以前にもこのことは予想されていたが、ガウスは22歳のときに厳密な証明を完成させ、それによって学位を得ている。

しかし、このような歴史に残る大定理の証明で学位を取る

とは、ガウスは実に桁外れの存在だ。

ガウスはその後も別の証明をいくつも考え出している。

ガウスの証明は、代数方程式の解の存在を証明するものであり、どうやって解を求めるか、そのアルゴリズムを明らかにするものではない。アルゴリズムをともなわない存在証明というのは、いまでこそごく普通のことだが、ガウスの時代では画期的なことだった。

代数方程式は、足し算とかけ算で成り立っている。その逆演算は引き算と割り算だ。またかけ算があるのなら、累乗という演算も認めざるをえない。その逆演算は累乗根を計算するものだ。累乗根は普通、次のような根号であらわされる。

2乗根（平方根）　　$\sqrt{}$
3乗根（立方根）　　$\sqrt[3]{}$
4乗根　　　　　　　$\sqrt[4]{}$
5乗根　　　　　　　$\sqrt[5]{}$
　　　：

足し算とかけ算を認めれば、累乗根を取るというところまで認めるというのはごく自然な考え方だろう。そこで、足し算、かけ算、引き算、割り算の四則と、累乗根を取るという演算を用いて方程式を解くことを、「代数的に」解く、と表現するようになった。

もっと正確に述べると、代数方程式

$$a_n x^n + a_{n-1} x^{n-1} + a_{n-2} x^{n-2} + \cdots + a_0 = 0 \qquad a_n \neq 0$$

に対して、その係数a_0、a_1、…、a_nと、四則、根号を用いてxを表現することを、代数的に解く、と言うわけだ。使っていい演算は、四則と累乗根を求めることだけであり、たと

えば log とか sin のような「超代数的」な関数を用いることは許されない。

4次以下の方程式に対しては、どのような係数であっても代数的に解くことができる、いわゆる根の公式が発見されている。

1次方程式

$$a_1 x + a_0 = 0 \qquad a_1 \neq 0$$

の根の公式は次のとおり。

$$x = -\frac{a_0}{a_1}$$

2次方程式の根の公式もよく知っているはずだ。

$$a_2 x^2 + a_1 x + a_0 = 0 \qquad a_2 \neq 0$$

の根の公式

$$x = \frac{-a_1 \pm \sqrt{a_1^2 - 4a_2 a_0}}{2a_2}$$

3次方程式、4次方程式の根の公式は少々複雑なので省略。

根の公式が存在するのだから、4次以下の方程式はすべて代数的に解くことができるというわけである。また5次以上の方程式についても、代数的に解くことのできる方程式が無数に存在することはわかっていた。

だから、かつてはすべての方程式は代数的に解けるのだ、と信じられていた。少なくともラグランジュ（1736〜1813）はそう確信していたはずだ。

しかし多くの数学者が5次方程式の根の公式を発見しよう

として、血のにじむような努力を重ねたが、誰も成功しなかった。そのうち、すべての5次方程式を代数的に解く根の公式は存在しないのではないか、という疑いが生じてくるようになった。

ガウスなどは、5次の一般方程式は代数的に解けない、とほぼ確信していたらしい。

5次の一般方程式が代数的に解けない、という事実を最初に証明したのはルフィニ（1765〜1822）だった。

しかしルフィニの証明には若干の瑕疵があった。

この瑕疵を克服し、証明を完成させたのはアーベル（1802〜1829）だった。

無名であったアーベルはこの証明を自費出版した。22歳のときだ。この証明によって、数学者として認められることを夢見たのだろうが、ガウスをふくむ外国の数学者からは何の反応もえられなかったという。

貧しかったアーベルにとって、印刷代を捻出することは容易ではなかった。四方を駆け回り、やっと6ページだけ印刷できる資金を集めることができた。しかし、証明を6ページに収めるためにはかなりの部分を削除しなければならず、そのため証明は非常にわかりにくいものになったという。

しかし数学史に燦然と輝く証明がこのような扱いを受けたことを知ると、アーベルのために心が痛む。若く貧しかったアーベルは、婚約者クリスティンとの結婚を延期してその後も奮闘努力するが報われることはなく、ついに結婚もできないまま病死してしまうのである。

数学王と呼ばれていたガウスはアーベルの論文の表題だけを見て、

「よくもこんな恐ろしいものが書けるものだ」

と言って放り出してしまい、中身を読みもしなかった、という伝説がある。

アーベルの論文の表題は「4次より高い次数の代数方程式を一般には解くことが不可能であることの証明」となっていた。

しかしガウスは、すべての代数方程式は複素数の範囲で解くことができる、という代数学の基本定理を証明しているのである。アーベルの論文の表題は、ガウスの定理を真っ向から否定するものだ。

つまりアーベルは「代数的に解くことが不可能」と書くべきところを、代数的という言葉を省略して単に「解くことが不可能」と書いたため、ガウスの誤解を招いた、というのである。

このため、若くして貧困のうちに窮死したアーベルを悼む人々の間でガウスの評判は最悪だということだ。しかしガウスがアーベルの論文を無視したのは事実のようだが、このエピソード自体は眉唾物ではないかと思う。

数学史にはこのような良くできたエピソードがたくさんあるが、あまり信用のおけないものも多いらしい。

アーベルの死の2日後、ベルリン大学教授のポストを確保したという友人のクレレからの手紙が届いた、というのは有名な伝説だが、アーベルのことを調べていた山下純一が資料の記述の食い違いに気付き、詳しく調べてみた。結果、アーベルの死の2日後に「手紙が届いた」のではなく、「手紙を書いた」というのが真相だと判明したという。2日後に手紙が届いた、という伝説は日本製だったらしい。それを読んだ

者がそのまま別の本に書き、ということが続いて広まっていったというのが真相のようだ。またクレレの手紙には、ベルリン大学教授のポスト、という具体的な言及もなかったという。さらに山下純一は「ガロアの伝記などにもこうした『クイチガイ』はゴロゴロしていた！」とも記している（『ガロアへのレクイエム』）。

　歴史学者の書いた文章の場合、一般向けの書籍でも、いちいち注を振って典拠を明確にするのが普通だ。歴史学者の卵であった時代に、たっぷりとそのような訓練を受けるのではないか、と想像している。歴史小説の構想を練るときなど、歴史学者の書いたものを読む機会は多いが、気になる記述があると、本当かよ、と思いながら注をたどって原典や１次史料にあたってみたりしている。記述が嘘だと疑って、というより、同じ史料を読んでもそれを表現する場合に微妙なニュアンスの差が生じるのが普通だからだ。

　ところが数学に関する書籍の場合、歴史的な記述について注がついている場合はほとんどない。わたしも、数学者の奇矯な振る舞いが書いてあったとしても、ほとんどの場合、まあそんなものだろう、と納得してしまう。もっとも日本語や朝鮮語、あるいはその古典である古代中国語あたりまでなら史料の確認ができるが、フランス語やドイツ語、ラテン語などとなると完全にお手上げだ、という事情もある。

　わたし自身、おもしろい話なのであちこちで吹聴したり、本に書いたりしたが、そのエピソードはある高名な数学者のホラ話だった、という事実を最近知り、ひとり赤面したことがある。いまは、この手のおもしろい話は、自分で原典を確認するまでは他に報せるのは慎むべきだ、と自戒している。

アーベルの証明からずいぶん話がそれてしまったが、脱線するのは別に悪いことではないと思っているので、これからこのようなことがあってもよろしくおつきあい願いたい。

　ともかく、4次より高い次数の一般の代数方程式を代数的に解くことは不可能である、という事実をアーベルが証明した。これで一件落着かと思うかもしれないが、そうではない。

　4次より高い次数の代数方程式でも、代数的に解くことができるものが存在することは知られていた。であるから、次はどのような方程式が代数的に解け、どのような方程式が代数的に解けないのか、を解明する必要があった。

　ここに登場するのが、われらのガロア（1811〜1832）である。

　ガロアは、方程式が代数的に解けるための必要十分条件を明らかにした。その過程で、方程式を代数的に解くということはどういうことなのかを完全に解明したのである。そこで明らかになったのは、代数的な構造だった。つまりガロアは、方程式の背後には根の置換群という構造が存在することを明らかにしたのである。方程式が代数的に解けるかどうかは、根の置換群の構造を見ればわかる、というわけだ。

　それまでの数学は、こたえを求めて計算をする、というのが主流だった。言い換えれば、こたえを求めるアルゴリズムを探すことが、数学者の仕事だった。しかし計算はどんどんと高度に、複雑になり、人間の認識の限界を超えるものとなりつつあった。

　そうした中でガロアは、こたえを求めるのではなく、こたえを含む構造を明らかにする、という誰もが想像もしなかった奇想天外な方法で問題を突破する道を見いだしたのであ

る。先にも述べたが、方程式の背後に隠れている、根の置換群の構造を調べたのだ。

それ以後、数学はガロアの路線にしたがって進んでいく。アルゴリズムを求めるのではなく、構造を解明するという方向だ。原理的にアルゴリズムを求めることができない問題に対処していくためには、この方向転換が絶対に必要だった。

いわば、ガロアはパラダイムを変えたのである。

ガロアが発見した構造は、方程式以外にもさまざまなところで見いだされ、ガロアの理論は数学のあらゆる分野で応用されることになった。現代のガロア理論は、それがもともと方程式の研究からはじまった、という痕跡すらほとんど残っていない。しかしそれがガロア理論と呼ばれているのは、そこにガロアが考えた構造があるからだ。

ではガロアが見つけだした構造とはどのようなものだったのか。次の章から具体的に見ていくことにしよう。

いまは、方程式を代数的に解く、とは何を意味するのかを確認しておいてほしい。方程式を解く、ではなく、方程式を代数的に解く、なのである。

最後に方程式の根の公式について一言。一般の5次以上の方程式に根の公式はない、とよく言われているが、正確には、代数的な根の公式はない、と言わなければならない。ガロア以後、5次以上の方程式の研究は進んでおり、楕円関数などの超越関数を用いた根の公式が次々と発見されている。

「**代数方程式を代数的に解く**」とは、
係数に＋、－、×、÷と$\sqrt{}$、$\sqrt[3]{}$、…をほどこして解を表現すること。

Note.

連分数の作り方

$\frac{29}{17}$ を連分数に展開してみよう。やることは
①整数部分と、0以上1未満の部分に分ける。仮分数を帯分数にすると思ってもよい。
②0以上1未満の部分の逆数をとる。
 以下繰り返しである。ではやってみよう。

$$\frac{29}{17} = 1 + \frac{12}{17} \quad \cdots\cdots ①$$

$$= 1 + \frac{1}{\frac{17}{12}} \quad \cdots\cdots ②$$

$$= 1 + \frac{1}{1 + \frac{5}{12}} \quad \cdots\cdots ①$$

$$= 1 + \frac{1}{1 + \frac{1}{\frac{12}{5}}} \quad \cdots\cdots ②$$

$$= 1 + \frac{1}{1 + \frac{1}{2 + \frac{2}{5}}} \quad \cdots\cdots ①$$

$$= 1 + \cfrac{1}{1 + \cfrac{1}{2 + \cfrac{1}{\frac{5}{2}}}} \quad \cdots\cdots ②$$

$$= 1 + \cfrac{1}{1 + \cfrac{1}{2 + \cfrac{1}{2 + \frac{1}{2}}}} \quad \cdots\cdots ①$$

$\sqrt{2}$ も同じだ。やってみよう。

$$\sqrt{2} = 1 + \sqrt{2} - 1 \quad \cdots\cdots ①$$

$$= 1 + \cfrac{1}{\cfrac{1}{\sqrt{2}-1}} = 1 + \cfrac{1}{\sqrt{2}+1} = 1 + \cfrac{1}{2+\sqrt{2}-1} \quad \cdots\cdots ②$$

②の作業は、分母の有理化をしてから行う。ここで $\sqrt{2}-1$ が出てきたので、あとはこの繰り返しになる。つまり、

$$\sqrt{2} - 1 = \cfrac{1}{2 + \sqrt{2} - 1}$$

を次々に代入していけばいい。

0-1 複素数の累乗根

次の章からガロアの見いだした構造を具体的に見ていくと書いたばかりなのだが、もうひとつだけ事前に確認しておくことがあった。

$\sqrt{}$ についてである。

 話が違う、前置きが長すぎる、と憤慨される方もおられるかもしれないが、もうしばらくのご辛抱を。席を立つのだけはご遠慮ください。お待ちかねのヒロインは華麗な衣裳を身につけて、ほら、もうすぐそこに控えておりますので……。

 $\sqrt{}$ については中学生のときに学んでいるはずだから、いまは完全に身についているものと思う。
 たとえば
$$x^2 = 2$$
の解は
$$x = \pm\sqrt{2}$$
となる。つまり $\sqrt{2}$ とは、平方して 2 になる数のうち正の方を意味している。
$$x^3 = 2$$
の場合はどうだろうか。
$$x = \sqrt[3]{2}$$
というのが解のひとつだが、これがすべてではない。$x^3 = 2$ というのは 3 次方程式なので、解は 3 つある。複素数を係数とする n 次方程式は、複素数の範囲で重根を含め n 個の解を持つ、というのはガウスが証明した代数学の基本定理だ。重根という場合もありうるが、この形の方程式は重根を持たない。
 ではあとふたつの解はどうあらわすことができるのだろうか。
$$\omega = \frac{-1+\sqrt{3}i}{2}$$

第 **0** 章　そもそも方程式を解くとは？

とおく。ω(オメガ)は1の3乗根のひとつだ。実際に計算してみよう。

$$\omega^3 = \left(\frac{-1+\sqrt{3}i}{2}\right)^3$$

$$= \frac{-1+3\sqrt{3}i+9-3\sqrt{3}i}{8}$$

$$= \frac{8}{8}$$

$$= 1$$

と確かに3乗すれば1になる。このとき、ω^2も1の3乗根になる。

$$(\omega^2)^3 = \omega^6 = (\omega^3)^2 = 1^2 = 1$$

というわけだ。

このωのように、その累乗によって1のn乗根をすべてあらわすことのできる根を、1の原始n乗根と呼んでいる。

ωを使ってあらわすと、$\sqrt[3]{2}\,\omega$と、$\sqrt[3]{2}\,\omega^2$も方程式の解となる。

$$(\sqrt[3]{2}\,\omega)^3 = (\sqrt[3]{2})^3\omega^3 = 2 \times 1 = 2$$
$$(\sqrt[3]{2}\,\omega^2)^3 = (\sqrt[3]{2})^3\omega^6 = 2 \times 1 = 2$$

つまりこの方程式の解は

$$x = \sqrt[3]{2}、\sqrt[3]{2}\,\omega、\sqrt[3]{2}\,\omega^2$$

ということになる。ここで

$$\sqrt[3]{2}$$

というのは、3乗して2になる実数を意味しており、あいまいな点はない。

$$x^4 = 2$$

の場合も同様だ。1の4乗根は1、i、-1、$-i$なので、4乗して2になる実数を$\sqrt[4]{2}$とすると、その解は次のようになる。

$$x = \sqrt[4]{2} 、 \sqrt[4]{2}\,i 、 -\sqrt[4]{2} 、 -\sqrt[4]{2}\,i$$

もうひとつ、

$$x^5 = 2$$

の場合も考えてみよう。1の原始5乗根をζ(ゼータ)とすると、解は

$$x = \sqrt[5]{2} 、 \sqrt[5]{2}\,\zeta 、 \sqrt[5]{2}\,\zeta^2 、 \sqrt[5]{2}\,\zeta^3 、 \sqrt[5]{2}\,\zeta^4$$

となる。$\sqrt[5]{2}$というのは、5乗して2になる実数だ。

一般的に、

$$\sqrt[n]{A} \qquad n は自然数、A > 0$$

というのは、n乗してAになる実数をあらわす。n乗してAになる実数はただひとつなので、何の問題もない。

ところが、Aが実数でない場合は、ちょっと困ったことが起こる。

$$\sqrt{i}$$

を求めてみよう。これを求めるときは、高校で学ぶ、ド・

第 0 章　そもそも方程式を解くとは？

モアブルの定理を使うのが便利だ。

まず、複素数$a+bi$を極形式であらわす。絶対値をr、偏角をθとすると、

$$a+bi = r(\cos\theta + i\sin\theta)$$

するとそのn乗はこうあらわされる。

$$(a+bi)^n = r^n(\cos n\theta + i\sin n\theta)$$

では$\sqrt{i}$を求めてみよう。iを極形式であらわすと、偏角は$\dfrac{\pi}{2}$だから、

$$i = \cos\frac{\pi}{2} + i\sin\frac{\pi}{2}$$

となるので、$\sqrt{i}$は

$$i^{\frac{1}{2}} = \cos\frac{\pi}{4} + i\sin\frac{\pi}{4} = \frac{\sqrt{2}}{2} + \frac{\sqrt{2}}{2}i$$

となる。しかし 2 乗してiになるのはこれだけではない。もうひとつあるはずだ。

実はiを極形式で表現するとき、ちょっと正確さに欠けたのである。正確に書くとこうなる。

$$i = \cos\left(\frac{\pi}{2} + 2n\pi\right) + i\sin\left(\frac{\pi}{2} + 2n\pi\right) \quad n\text{は整数}$$

$n=0$のときが上の解だが、$n=1$のときもうひとつの解が出てくる。あとは同じものの繰り返しになる。つまりもうひとつの解は

$$i^{\frac{1}{2}} = \cos\frac{5\pi}{4} + i\sin\frac{5\pi}{4} = -\frac{\sqrt{2}}{2} - \frac{\sqrt{2}}{2}i$$

となる。複素平面上にあらわすと図0-1のようになる。

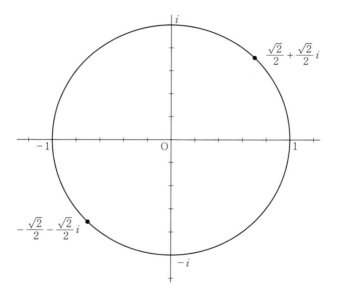

図0-1

第 0 章　そもそも方程式を解くとは？

　このふたつはどちらも 2 乗すれば i となるが、どちらかを積極的に $\sqrt{i}$ とすべき理由はない。このふたつは平等な権利を有しているのである。だから $\sqrt{i}$ と書く場合は、このどちらのことなのかを明記しなければならない。どちらでもいいのなら、2 乗して i になる数のうちのひとつを $\sqrt{i}$ とする、と書けばいいだろう。

　ド・モアブルの定理で $n = \dfrac{1}{2}$ とやっていいのかな、と思った方もいるかもしれない。高校の教科書などでは数学的帰納法を用いた証明などが書かれており、その証明なら n は自然数に限られることになる。

　一番かっこいい証明は、次のオイラーの公式を使う証明法だろう。

$$e^{i\theta} = \cos\theta + i\sin\theta$$

なので、

$$(\cos\theta + i\sin\theta)^n = (e^{i\theta})^n = e^{in\theta} = \cos n\theta + i\sin n\theta$$

証明終わり。

　これなら、n が分数でも成り立つことが納得できるだろう。ただし、n が分数の場合、$\sqrt{i}$ でやったとおり、この値はひとつではない。つまり、多価性に注意する必要がある。

　$n = \dfrac{a}{b}$（a、b は互いに素な整数）ならば、b 個の値を取る。

　n が無理数の場合はもう少しややこしい議論が必要となるので、ここでは触れないでおくことにしよう。

　一般的に

$$\sqrt[n]{A}$$

　で A が実数の場合は、n 乗して A になる実数を $\sqrt[n]{A}$ とあらわ

す習慣になっているので、特にことわる必要はない。

しかしAが実数でない場合、n個のn乗根はすべて平等であり、区別する一般的な基準はない。だから、$\sqrt[n]{A}$がそのn個のn乗根のうちどれのことを意味しているのか、注意する必要がある。

高校で複素数を学んでも、このあたりのことはあまり詳しくやらないようなので、前置きとして触れておくことにした。

> **1の原始n乗根**：その累乗がすべてのn乗根をあらわすもの。ζが1の原始n乗根であれば、
>
> ζ、ζ^2、ζ^3、…、ζ^{n-1}
>
> がすべて1のn乗根になっている。

第1章

2項方程式

1-0 既約方程式

次の1次方程式を解いてみよう。

$$5x - 7 = 2x + 5$$
$$5x - 2x = 5 + 7$$
$$3x = 12$$
$$x = \frac{12}{3}$$
$$x = 4$$

方程式の係数である5、-7、2、5に足し算、引き算、かけ算、割り算をほどこして、4という解にたどりついている。係数に足し算、引き算、かけ算、割り算の四則をほどこしていく、というのが、方程式を解く基本だ。

そこで、この四則によって行き着くことのできる限界を見極めるために、「体」というものを考えてみよう。

四則によって作ることができるすべての数の集合を体というのである。

ある体に0でないひとつの数aが存在していたとすると、

$$\frac{a}{a} = 1$$

となるので、その体は1を含む。すると

$$1 + 1 = 2$$
$$2 + 1 = 3$$
$$3 + 1 = 4$$
$$\vdots$$

となり、すべての自然数を含む。その自然数に引き算をほどこせば、すべての整数が出てくる。それに割り算をほどこ

せば、すべての有理数を作ることができる。

したがってすべての有理数を含む体——有理数体——は、考えられる最小の体、ということになる。

もっとも現代では、体という概念も抽象的に定義されるので、有限の数しか存在しない体などもあり、また数ではないものを要素とする体も考えられている。というより、そういう有限体について最初に言及したのは、他ならぬガロアだ。

1830年6月に、ガロアは数学雑誌に「数論について」という論文を発表した。18歳のときだ。ガロアの論文の前後には、ポアソンやコーシーの論文も掲載されていたという。少年ガロアが当時の数学界で一定程度認められていたことの証左だろう。ガロアのこの論文のテーマは有限体（もちろん有限体という言葉を使ったわけではない）だった。それゆえ現在、有限体のことをガロア体と呼んでいる。

しかし本書での議論では、ごく普通の計算が許されている世界での体に限られる。そうすれば、有理数体が最小の体である、ということに疑問の余地はなくなる。

有理数体は普通

$$\mathbb{Q}$$

であらわされる。また、体に含まれる数を、「元（げん）」と呼ぼう。

体というのは、一言でいえば四則演算が許される集合、ということになろう。体の元同士に足し算、引き算、かけ算、割り算の四則演算をほどこして得られた数が、その体に含まれている、という点が重要だ。もちろん0で割る場合は除く。つまり、四則演算によってその体から飛び出すことはできないのである。

自然数全体の集合は体ではない。自然数同士の引き算が負の数になる場合があるからである。

　整数全体の集合も体ではない。整数同士の割り算が割り切れないときがあるからである。

　有理数全体の集合は体になる。

　実数全体の集合もまた、体になる。これを普通

$$\mathbb{R}$$

であらわし、「実数体」と呼んでいる。

　また複素数全体の集合も体になる。これは

$$\mathbb{C}$$

と表記され、「複素数体」と呼ぶ。

　ガロア勝利の秘密は、この体の概念にあったともいわれている。同じことだが、ラグランジュやルフィニに決定的に欠けていたのが、体の概念であったというわけだ。

　もっとも、ガロアが体という言葉を使っていたわけではない。現代では体を無限集合としてとらえているが、ガロアにそういうとらえ方があったわけでもない。集合論の祖といわれるカントール（1845～1918）が生まれたのはガロアが死んだあとだった。

　しかしガロアには明確に、体の要素、という認識はあった。そしてもっと重要なことは、あとで述べる「体の拡大」という認識があったという点だ。

　次は2次方程式を考えてみよう。
$$x^2 - 5x + 6 = 0$$
　この方程式の係数は、1、−5、6だ。1を含む最小の体が有理数体$\mathbb{Q}$であることは前述した。

このように、係数を含む最小の体を、「係数体」と呼んでいる。この方程式の係数体は、有理数体**Q**だ。

まずは因数分解をしてみる。

$(x-2)(x-3) = 0$

$x = 2, 3$

この方程式の解は有理数であり、この方程式を解いても係数体はまったく変化しない。

このように、係数体の範囲内で因数分解できる方程式を「可約」と呼ぶ。

では次の2次方程式はどうだろうか。

$x^2 + x + 1 = 0$

この方程式の係数体も有理数体**Q**である。ところがこの方程式は、**Q**の範囲内では因数分解できない。公式を使って解くと、

$$x = \frac{-1 \pm \sqrt{3}i}{2}$$

となる。したがって因数分解をすると、

$$\left(x + \frac{1 + \sqrt{3}i}{2}\right)\left(x + \frac{1 - \sqrt{3}i}{2}\right) = 0$$

明らかに、この方程式を因数分解するためには、係数体を拡大しなければならない。このように、体を拡大しなければ因数分解できない方程式を「既約」と呼ぶ。

方程式を代数的に解くことができるかどうかを議論するとき、可約な方程式を議論する必要がないことは明らかだろう。係数体を拡大することなく因数分解できるのならば、因数分解をしていくつかの方程式に分けてからまた議論をすれ

ばいいからだ。

次は、もっとも簡単な既約方程式を、ガロア流に料理していくことにしよう。

> **体**：四則で閉じた集合。
> **有理数体**：すべての有理数を含む集合。最小の体。**Q**
> **実数体**：すべての実数を含む集合。**R**
> **複素数体**：すべての複素数を含む集合。**C**
> 　言うまでもないことだが、**Q**⊂**R**⊂**C**
> **係数体**：方程式の係数を含む最小の体。
> **可約**：係数体の範囲内で因数分解可能な方程式。
> **既約**：係数体の範囲内で因数分解が不可能な方程式。

1-1　ガロア拡大体

方程式
$$x^2 = 2$$
の係数体は有理数体**Q**である。しかし**Q**の中でこの方程式を因数分解することはできない。したがってこの方程式は既約である。

このような、
$$x^n = A$$
の形の方程式を「2項方程式」と呼ぼう。

方程式の解はご存知のとおり、$\sqrt{2}$と$-\sqrt{2}$である。そこで**Q**に$\sqrt{2}$と$-\sqrt{2}$を添加してみる。添加によって拡大した体を次のように表現する。

$$\mathbf{Q}(\sqrt{2}、-\sqrt{2})$$

これは、すべての有理数と、$\sqrt{2}$、$-\sqrt{2}$の加減乗除によって作られるすべての数の集合だ。
　このようにある体に、その体に含まれていない元を付け加えて作った体を「拡大体」という。またそのもとになった体を「基礎体」という。この場合、

　　基礎体：$\mathbf{Q}$
　　拡大体：$\mathbf{Q}(\sqrt{2}、-\sqrt{2})$

というわけだ。またこの場合のように、方程式のすべての解を添加した拡大体を特に「ガロア拡大体」という。
　このガロア拡大体の元はすべて

　　$a\sqrt{2}+b$　　　　a、bは有理数

という形をしていることは容易にわかるだろう。体で許される演算は四則だけなので、どのような計算であってもこの形になる。ちょっとやっかいなのは分母に$\sqrt{2}$を含む式が出てくるときだが、その場合も「分母の有理化」をやれば、この形になる。
　しかしすべての元が

　　$a\sqrt{2}+b$

の形をしている体は、これだけではない。
　　$\mathbf{Q}(\sqrt{2})$
もそうだし、
　　$\mathbf{Q}(-\sqrt{2})$
もそうだ。
　つまり、

$$\mathbf{Q}(\sqrt{2}、-\sqrt{2}) = \mathbf{Q}(\sqrt{2}) = \mathbf{Q}(-\sqrt{2})$$

元をひとつだけ添加して拡大した体、というのが重要な意味を持つので、$x^2=2$ のガロア拡大体としては、

$$\mathbf{Q}(\sqrt{2}) = \mathbf{Q}(-\sqrt{2})$$

だけを考えることにしよう。

ガロア拡大体ではおもしろいことが起こる。$\sqrt{}$ を勉強した直後、次のような問題を解かされたことはないだろうか。

$$\frac{3\sqrt{2}-4}{5\sqrt{2}-7} = \sqrt{2}+2$$

　　である。このとき、次の式を簡単にせよ。

$$\frac{-3\sqrt{2}-4}{-5\sqrt{2}-7}$$

正直に計算してもいいが、実はこの計算は 1 秒でできる。こたえは

$$-\sqrt{2}+2$$

なのである。

上下の計算式の左辺を見ると、$\sqrt{2}$ が $-\sqrt{2}$ に変わっていることがわかる。だから右辺もそうすればいいだけの話なのだ（疑いの目を向けているあなた、計算してみたらどうですか）。

どういうことか整理しよう。

$x^2=2$ のガロア拡大体 $\mathbf{Q}(\sqrt{2})$ はすべて、

$$a\sqrt{2}+b$$

という形をしている。この体のすべての元に対して次の写

像 σ(シグマ) を行う。

$$\sigma : \sqrt{2} \quad \rightarrow \quad -\sqrt{2}$$

　この写像は、$\sqrt{2}$ を $-\sqrt{2}$ に置き換えるので、「置換」と呼ぶ。この写像によって置き換えられるのは $\sqrt{2}$ だけであり、有理数はまったく変化しないことは言うまでもない。

　そしてこの写像をしても、演算の結果が保存されるのだ。どういうことかというと、

　　演算⇒写像　　（演算をしてから写像をする）
　　写像⇒演算　　（写像をしてから演算をする）

　このふたつの結果が完全に一致するのである。このように、すべての元について演算をしてから写像をした場合と、写像をしてから演算をした場合の結果が一致するときを、「同型写像」と呼んでいる。そのふたつの構造が完全に一致していることを意味しているからだ。

　厳密にいうと、同型写像という場合は、①写像の像がその集合全体であること（全射）、②1対1対応があること（単射）のふたつの条件が満たされる必要があるが、もちろんこの場合この条件は満たされている。

　またこの場合、$\mathbb{Q}(\sqrt{2})$ から $\mathbb{Q}(\sqrt{2})$ への写像、つまり自分自身への写像なので、「自己同型写像」という。

　すこし実験してみよう。$\mathbb{Q}(\sqrt{2})$ のふたつの元 A、B を次のように定める。

　　$A : 2\sqrt{2} - 3$
　　$B : -4\sqrt{2} + 4$

　まずは足し算から

○演算⇒写像
　　演算　$A+B$
　　$(2\sqrt{2}-3)+(-4\sqrt{2}+4) = 2\sqrt{2}-3-4\sqrt{2}+4$
　　　　　　　　　　　　　　　　$= -2\sqrt{2}+1$
　　写像　$-2\sqrt{2}+1$　→　$2\sqrt{2}+1$
○写像⇒演算
　　写像　$A:2\sqrt{2}-3$　→　$-2\sqrt{2}-3$
　　　　　$B:-4\sqrt{2}+4$　→　$4\sqrt{2}+4$
　　演算　$(-2\sqrt{2}-3)+(4\sqrt{2}+4) = -2\sqrt{2}-3+4\sqrt{2}+4$
　　　　　　　　　　　　　　　　　$= 2\sqrt{2}+1$

　次は引き算
○演算⇒写像
　　演算　$A-B$
　　$(2\sqrt{2}-3)-(-4\sqrt{2}+4) = 2\sqrt{2}-3+4\sqrt{2}-4$
　　　　　　　　　　　　　　　　$= 6\sqrt{2}-7$
　　写像　$6\sqrt{2}-7$　→　$-6\sqrt{2}-7$
○写像⇒演算
　　写像　$A:2\sqrt{2}-3$　→　$-2\sqrt{2}-3$
　　　　　$B:-4\sqrt{2}+4$　→　$4\sqrt{2}+4$
　　演算　$(-2\sqrt{2}-3)-(4\sqrt{2}+4) = -2\sqrt{2}-3-4\sqrt{2}-4$
　　　　　　　　　　　　　　　　　$= -6\sqrt{2}-7$

　かけ算
○演算⇒写像
　　演算　$A \times B$
　　$(2\sqrt{2}-3) \times (-4\sqrt{2}+4) = -16+8\sqrt{2}+12\sqrt{2}-12$
　　　　　　　　　　　　　　　　　　$= 20\sqrt{2}-28$
　　写像　$20\sqrt{2}-28$　→　$-20\sqrt{2}-28$

第1章　2項方程式

○写像⇒演算
　　　写像　$A : 2\sqrt{2} - 3 \;\;\rightarrow\;\; -2\sqrt{2} - 3$
　　　　　　$B : -4\sqrt{2} + 4 \;\;\rightarrow\;\; 4\sqrt{2} + 4$
　　　演算　$(-2\sqrt{2} - 3) \times (4\sqrt{2} + 4)$
　　　　　$= -16 - 8\sqrt{2} - 12\sqrt{2} - 12 = -20\sqrt{2} - 28$

割り算

○演算⇒写像
　　　演算　$A \div B$
$$(2\sqrt{2} - 3) \div (-4\sqrt{2} + 4) = \frac{2\sqrt{2} - 3}{-4\sqrt{2} + 4} = \frac{\sqrt{2} - 1}{4}$$

　　　写像：$\dfrac{\sqrt{2} - 1}{4} \;\;\rightarrow\;\; \dfrac{-\sqrt{2} - 1}{4}$

○写像⇒演算
　　　写像　$A : 2\sqrt{2} - 3 \;\;\rightarrow\;\; -2\sqrt{2} - 3$
　　　　　　$B : -4\sqrt{2} + 4 \;\;\rightarrow\;\; 4\sqrt{2} + 4$
　　　演算
$$(-2\sqrt{2} - 3) \div (4\sqrt{2} + 4) = \frac{-2\sqrt{2} - 3}{4\sqrt{2} + 4} = \frac{-\sqrt{2} - 1}{4}$$

　このように、演算をしてから写像をした結果と、写像をしてから演算をした結果は完全に一致する。いまは具体的な数を使って実験したが、一般的な文字を使って同じことをやれば、この置換が同型写像である証明になる。
　自己同型写像は演算を保存する。これは
　　　$f(\sqrt{2}) = 0 \;\;\rightarrow\;\; f(-\sqrt{2}) = 0$
を意味している。一般に、写像 $x \rightarrow y$ が演算を保存していれば、
　　　$f(x) = 0 \;\;\rightarrow\;\; f(y) = 0$

である。「演算を保存する」と「$f(x)=0 \to f(y)=0$」は同じ事実を別の言葉で述べたに過ぎないが、内容は後者の方がはるかにわかりやすいと思う。

ではここで、置換そのものについて考えてみよう。この置換を続けて行ったらどうなるだろうか。

σ は $\sqrt{2}$ を $-\sqrt{2}$ に置き換える。

$$\sqrt{2} \quad \to \quad -\sqrt{2}$$

もう一度 σ を実行すると、

$$-\sqrt{2} \quad \to \quad -(-\sqrt{2}) = \sqrt{2}$$

ともとに戻る。置換を続けて実行することを、かけ算のように書くことにしよう。またまったく置き換えをしないことを「単位置換」と呼び、ε(イプシロン) であらわす。

$$\sigma \cdot \sigma = \sigma^2 = \varepsilon$$

かけ算を意味する「・」もつけない方がかっこいい。

$$\sigma\sigma = \sigma^2 = \varepsilon$$

この置換は、どのように続けても、σ と ε しか登場しない。つまり閉じている。このようにひとつの演算で閉じている集合を「群(ぐん)」という。群の要素も「元」と呼ぼう。群の要素の数を「位数(いすう)」というが、この群の元は σ と ε だけなので、位数は2である。

この群

$$\{\varepsilon, \sigma\}$$

が方程式 $x^2=2$ のガロア群だ。つまり、ガロア拡大体の自己同型写像の集まりがガロア群なのである。

群には単位元と逆元がなければならない。

単位元とは、演算の結果が変わらないような元だ。

$$\sigma\varepsilon = \varepsilon\sigma = \sigma$$

なので、この場合は ε が単位元となっている。

逆元とは、演算の結果が単位元となるような元だ。

$$\sigma\sigma = \varepsilon$$

なので、σ が σ の逆元になっている。

この群は位数が2と有限なので、有限群だが、群のなかには無限の元を含むものもある。たとえば整数全体の集合は、足し算で群となっている。

$$整数 + 整数 = 整数$$

なので閉じている。また

$$a + 0 = 0 + a = a$$

なので、0 が単位元になっている。さらに

$$a + (-a) = 0$$

なので、a に対しては $-a$ が逆元になっている。

$x^2 = 2$ のガロア群には元がふたつしかなかったので関係なかったが、群であるためには結合法則が成り立たなければならない。つまり

$$(ab)c = a(bc)$$

言葉で説明すれば、どこから先に演算を実行しても結果が変わらない、ということだ。足し算についての整数の元はもちろん結合法則を満たしている。

しかし整数全体の集合は、かけ算については群にならない。たとえば2の逆元が存在しないからだ。

0を除く有理数全体の集合はかけ算で群になる。

・閉じている：有理数 × 有理数 = 有理数
・結合法則：$(a \cdot b) \cdot c = a \cdot (b \cdot c)$
・単位元：$a \cdot 1 = 1 \cdot a = a$ だから1が単位元

・逆元：$a \cdot \dfrac{1}{a} = 1$ だから、$\dfrac{1}{a}$ が a の逆元

0は残念ながらこの群の仲間に入れることはできない。0の逆元が存在しないからだ。

　方程式のガロア群は常に有限群となる。ガロア群の元は置換だ。
　置換の演算は結合法則が成り立ち、また有限群には常に単位元と逆元が存在する。置換の集合は、閉じていれば常に群になるのである。

　ガロアは、方程式を解くとは、係数体をガロア拡大体まで拡大することだ、ということを見抜いた。
　方程式を代数的に解くとは、係数に四則と累乗根をほどこして解を表現することだった。体の中で四則演算は自由に行える。しかし累乗根を求めるためには、体を拡大しなければならない。
　つまりポイントは、累乗根を用いて体を拡大するとはどういうことなのかを解明することにある。その鍵を握っているのが、ガロア群なのだ。
　ガロアは、ガロア群の次のふたつの性質に注目する。
①ガロア群の置換は、基礎体の元を変えない。
②ガロア群の置換は、ガロア拡大体の元を変えるが、演算は保存される。つまり、置換 $x \to y$ に対し、「$f(x) = 0$ のとき $f(y) = 0$」。

2項方程式：$x^n = A$ という形の方程式。
拡大体：体に、その体に含まれていない元を添加して拡大した体。

第1章 2項方程式

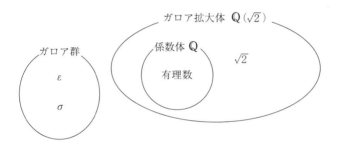

図1-0 $x^2=2$ のガロア群とガロア拡大体

基礎体：拡大体に対して、そのもとになった体。
ガロア拡大体：係数体に、方程式の解をすべて添加した体。
同型写像：{演算⇒写像} = {写像⇒演算} で全射、単斜となる写像。
自己同型写像：自分自身への同型写像。
置換：元の置き換え。ガロア群は、体の元を置き換える。
置換群：置換を続けて行う、という演算で閉じた置換の群。
単位置換：置き換えをしない置換。εであらわす。
群：ひとつの演算で閉じた集合。結合法則、単位元と逆元の存在が必要。
　　群の単位元：演算の結果が変わらないような元。
　　群の逆元：演算の結果が単位元となるような元。
ガロア群：ガロア拡大体の自己同型写像である置換の群。

1-2　3次の2項方程式

では、3次の2項方程式を考えてみよう。
方程式

$$x^3 = 2$$

の係数体は有理数体$\mathbf{Q}$である。またこの方程式の解は、前述したとおり、1の原始3乗根のひとつをωとすると、

$$x = \sqrt[3]{2}、\sqrt[3]{2}\,\omega、\sqrt[3]{2}\,\omega^2$$

である。これらは有理数ではない。つまり、有理数の範囲でこの方程式を因数分解することはできないので、方程式は既約だ。この方程式のガロア拡大体をEとすると、

$$E = \mathbf{Q}(\sqrt[3]{2}、\sqrt[3]{2}\,\omega、\sqrt[3]{2}\,\omega^2)$$

2次の2項方程式の場合は、

$$\mathbb{Q}(\sqrt{2}) = \mathbb{Q}(-\sqrt{2})$$

とうまい具合になっていたが、この場合はそうはいかない。

$$\mathbb{Q}(\sqrt[3]{2}) \neq \mathbb{Q}(\sqrt[3]{2}\,\omega)$$

となってしまうのだ。たとえばωにはiが含まれているので、$\mathbb{Q}(\sqrt[3]{2}\,\omega)$には$i$が含まれているが、$\mathbb{Q}(\sqrt[3]{2})$には$i$が含まれていないということになる。

そのため、このままではガロア群が$x^2=2$のときのような単純なものでなくなってしまう。1の3乗根が邪魔なのだ。

しかし1のn乗根（nは自然数）は、第3章で詳説するように、代数的に求めることができる。つまり有理数の加減乗除と累乗根によって表現できる。であるから、方程式が代数的に解けるかどうかを考える場合、1のn乗根は無視してかまわない。

そこでここでは、基礎体として有理数体に1のn乗根を必要なだけ添加した体を考えることにしよう。このような基礎体をKとする。

$$K = \mathbb{Q}(\omega)$$

するとこの方程式のガロア拡大体Eは次のようになる。

$$E = K(\sqrt[3]{2},\ \sqrt[3]{2}\,\omega,\ \sqrt[3]{2}\,\omega^2)$$

ここで、$K(\sqrt[3]{2})$と$K(\sqrt[3]{2}\,\omega)$と$K(\sqrt[3]{2}\,\omega^2)$の関係について整理してみよう。

$K(\sqrt[3]{2})$の元は、$\sqrt[3]{2}$、ωと有理数を加減乗除したすべての

数だ。$\sqrt[3]{2}$について整理すれば、次のような形になることは理解できよう。

$$\frac{q_m\sqrt[3]{2}^m + q_{m-1}\sqrt[3]{2}^{m-1} + \cdots + q_0}{p_n\sqrt[3]{2}^n + p_{n-1}\sqrt[3]{2}^{n-1} + \cdots + p_0}$$

ところが、$\sqrt[3]{2}$は3乗すれば2になるので、$(\sqrt[3]{2})^3 = 2$を代入すれば、次のようになる。

$$\frac{q_2\sqrt[3]{2}^2 + q_1\sqrt[3]{2} + q_0}{p_2\sqrt[3]{2}^2 + p_1\sqrt[3]{2} + p_0}$$

分母を有理化すれば、次のようになる。分母の有理化が可能なことは、節末で述べる。

$a(\sqrt[3]{2})^2 + b(\sqrt[3]{2}) + c$

　　　a、b、$c \in K$（「a、b、cはKの元」という意味）

a、b、cは有理数とは限らず、ωを含んでいてもいいことに注意しよう。

これは少し変形するとこうなる。

$$a(\sqrt[3]{2})^2 + b(\sqrt[3]{2}) + c = \frac{a}{\omega^2}(\sqrt[3]{2}\,\omega)^2 + \frac{b}{\omega}(\sqrt[3]{2}\,\omega) + c$$

ここで、$\dfrac{a}{\omega^2}$と$\dfrac{b}{\omega}$はKに含まれているから（Kは有理数とωを含む最小の体）、$\dfrac{a}{\omega^2} = a'$、$\dfrac{b}{\omega} = b'$とするとこの元は次のように書ける。

$a'(\sqrt[3]{2}\,\omega)^2 + b'(\sqrt[3]{2}\,\omega) + c$　　　　　a'、b'、$c \in K$

これは次のことを意味している。

$E = K(\sqrt[3]{2}) = K(\sqrt[3]{2}\,\omega)$

同様にして

$$a(\sqrt[3]{2})^2 + b(\sqrt[3]{2}) + c = \frac{a}{\omega^4}(\sqrt[3]{2}\,\omega^2)^2 + \frac{b}{\omega^2}(\sqrt[3]{2}\,\omega^2) + c$$

と変形できるので、$\frac{a}{\omega^4} = a''$、$\frac{b}{\omega^2} = b''$とおくと、この元は次のようにあらわされる。

$$a''(\sqrt[3]{2}\,\omega^2)^2 + b''(\sqrt[3]{2}\,\omega^2) + c \qquad a''、b''、c \in K$$

これは次のことを意味している。

$$E = K(\sqrt[3]{2}) = K(\sqrt[3]{2}\,\omega^2)$$

整理するとこうなる。

$$E = K(\sqrt[3]{2},\ \sqrt[3]{2}\,\omega,\ \sqrt[3]{2}\,\omega^2)$$
$$= K(\sqrt[3]{2}) = K(\sqrt[3]{2}\,\omega)$$
$$= K(\sqrt[3]{2}\,\omega^2)$$

ガロア群はこの、$\sqrt[3]{2}$、$\sqrt[3]{2}\,\omega$、$\sqrt[3]{2}\,\omega^2$を置き換える置換だ。

ガロア群の置換のひとつσを

$$\sigma : \sqrt[3]{2} \rightarrow \sqrt[3]{2}\,\omega$$

としよう。そうすると次のように、$\sqrt[3]{2}\,\omega$は$\sqrt[3]{2}\,\omega^2$に、$\sqrt[3]{2}\,\omega^2$は$\sqrt[3]{2}$に置き換えられる。

$$\sigma : \sqrt[3]{2}\,\omega \rightarrow \sqrt[3]{2}\,\omega\,\omega = \sqrt[3]{2}\,\omega^2、$$
$$\sqrt[3]{2}\,\omega^2 \rightarrow \sqrt[3]{2}\,\omega^2\,\omega = \sqrt[3]{2}\,\omega^3 = \sqrt[3]{2}$$

σ^2を考えてみよう。σ^2はσを2回実行するから、次のような置き換えになる。

$$\sigma^2 : \sqrt[3]{2} \rightarrow \sqrt[3]{2}\,\omega \rightarrow \sqrt[3]{2}\,\omega^2$$

一応、$\sqrt[3]{2}\,\omega$と$\sqrt[3]{2}\,\omega^2$についてもやっておこう。

$$\sigma^2 : \sqrt[3]{2}\,\omega \rightarrow \sqrt[3]{2}\,\omega^2 \rightarrow \sqrt[3]{2}$$
$$\sigma^2 : \sqrt[3]{2}\,\omega^2 \rightarrow \sqrt[3]{2} \rightarrow \sqrt[3]{2}\,\omega$$

もう一度σを実行するともとに戻るので、

$$\sigma^3 = \varepsilon$$

このように、ある元を累乗していってはじめて単位元にな

る数も「位数」という。つまりこの場合、σの位数は3である。少し紛らわしいが、群の要素の数も「位数」ということは前に述べた。

群は

$$\{\varepsilon、\sigma、\sigma^2\}$$

となる。

はじめに$\sqrt[3]{2}$を$\sqrt[3]{2}\omega$に置き換える置換をσとしたが、$\sqrt[3]{2} \to \sqrt[3]{2}\omega^2$からはじめても同じことになる。この置換を$\tau$とすると、$\tau$は$\sigma^2$と同じ置換だ。

$$\tau = \sigma^2$$

したがって

$$\tau^2 = (\sigma^2)^2 = \sigma^4 = \sigma$$
$$\tau^3 = (\sigma^2)^3 = \sigma^6 = \varepsilon$$

となるので、群としてはまったく同じになる。

$$\{\varepsilon、\sigma、\sigma^2\} = \{\varepsilon、\tau、\tau^2\}$$

この置換は、$\sqrt[3]{2}$、$\sqrt[3]{2}\omega$、$\sqrt[3]{2}\omega^2$の置き換えだ。その順列は

$$3! = 6$$

で6通りになる。つまり置換群と考えた場合に置換群の元は6個でなければならないのに、ガロア群の位数は3だ。どういうわけだろうか。

$\sqrt[3]{2}$、$\sqrt[3]{2}\omega$、$\sqrt[3]{2}\omega^2$の3つの元の置換を並べてみよう。上の元を下の元に置き換える、と理解してほしい。

$$\varepsilon = \begin{pmatrix} \sqrt[3]{2} & \sqrt[3]{2}\omega & \sqrt[3]{2}\omega^2 \\ \sqrt[3]{2} & \sqrt[3]{2}\omega & \sqrt[3]{2}\omega^2 \end{pmatrix}$$

$$\sigma = \begin{pmatrix} \sqrt[3]{2} & \sqrt[3]{2}\,\omega & \sqrt[3]{2}\,\omega^2 \\ \sqrt[3]{2}\,\omega & \sqrt[3]{2}\,\omega^2 & \sqrt[3]{2} \end{pmatrix}$$

$$\sigma^2 = \begin{pmatrix} \sqrt[3]{2} & \sqrt[3]{2}\,\omega & \sqrt[3]{2}\,\omega^2 \\ \sqrt[3]{2}\,\omega^2 & \sqrt[3]{2} & \sqrt[3]{2}\,\omega \end{pmatrix}$$

上記の ε、σ、σ^2 以外にあと3つある。以下の3つだ。

$$\begin{pmatrix} \sqrt[3]{2} & \sqrt[3]{2}\,\omega & \sqrt[3]{2}\,\omega^2 \\ \sqrt[3]{2}\,\omega & \sqrt[3]{2} & \sqrt[3]{2}\,\omega^2 \end{pmatrix}$$

$$\begin{pmatrix} \sqrt[3]{2} & \sqrt[3]{2}\,\omega & \sqrt[3]{2}\,\omega^2 \\ \sqrt[3]{2}\,\omega^2 & \sqrt[3]{2}\,\omega & \sqrt[3]{2} \end{pmatrix}$$

$$\begin{pmatrix} \sqrt[3]{2} & \sqrt[3]{2}\,\omega & \sqrt[3]{2}\,\omega^2 \\ \sqrt[3]{2} & \sqrt[3]{2}\,\omega^2 & \sqrt[3]{2}\,\omega \end{pmatrix}$$

これらの置換は残念ながら自己同型写像ではない。というより、このような置換は不可能なのだ。たとえば3つのうち一番上にある置換は、$\sqrt[3]{2}$ を $\sqrt[3]{2}\,\omega$ に換え、同時に $\sqrt[3]{2}\,\omega$ を $\sqrt[3]{2}$ に置き換えるよう要求している。しかし $\sqrt[3]{2}$ を $\sqrt[3]{2}\,\omega$ に換えたのなら、$\sqrt[3]{2}\,\omega$ は $\sqrt[3]{2}$ ではなく $\sqrt[3]{2}\,\omega^2$ に置き換えなければならない。したがってこのような置換は不可能なのである。

3つの元の置換は6通りあるはずなのに、そのうち3つが不可能なのは、$\sqrt[3]{2}$、$\sqrt[3]{2}\,\omega$、$\sqrt[3]{2}\,\omega^2$ が独立ではなく、お互い深い関係があるからだ。

3つの独立した元、たとえば α、β、γ という、お互いま

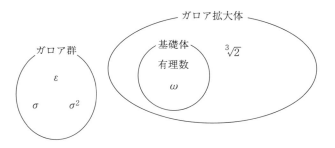

図1-1 $x^3=2$ のガロア群とガロア拡大体

ったく関係のない元の場合は、置換は6通りになる。その置換全体は置換群となり、3次の対称群という名前も付いている。3次対称群には、あとで一般の3次方程式を扱うときにお目にかかることになろう。

> **元の位数**：元を累乗していって、はじめて単位元になったときの数。つまり元σについて、$\sigma^n = \varepsilon$となる最小の自然数n。群の位数と混同しないこと。

Note. 分母の有理化

ガロア群の置換で不変な元は基礎体に含まれている、という性質を思いだそう。

分母が
$$a(\sqrt[3]{2})^2 + b(\sqrt[3]{2}) + c$$
であるとする。これにガロア群の置換をほどこす。
$$\sigma \to a(\sqrt[3]{2}\,\omega)^2 + b(\sqrt[3]{2}\,\omega) + c$$
$$\sigma^2 \to a(\sqrt[3]{2}\,\omega^2)^2 + b(\sqrt[3]{2}\,\omega^2) + c$$
これらをかけあわせた数、つまり、
$$(a(\sqrt[3]{2})^2 + b(\sqrt[3]{2}) + c) \times (a(\sqrt[3]{2}\,\omega)^2 + b(\sqrt[3]{2}\,\omega) + c)$$
$$\times (a(\sqrt[3]{2}\,\omega^2)^2 + b(\sqrt[3]{2}\,\omega^2) + c)$$
はガロア群の置換で互いに入れ替わるだけだから、全体として不変となる。したがって、基礎体に含まれるはずだ。実際に計算してみると、$\omega^2 + \omega + 1 = 0$によって$\omega$が消えてしまい、

$$4a^3 + 2b^3 + c^3 - 6abc$$

となる。だから分母、分子に、
$$(a(\sqrt[3]{2}\,\omega)^2 + b(\sqrt[3]{2}\,\omega) + c)\,(a(\sqrt[3]{2}\,\omega^2)^2 + b(\sqrt[3]{2}\,\omega^2) + c)$$
をかければ、分母が有理化されるというわけだ。

一般に、分母にガロア群の置換をほどこしたすべての式を分母、分子にかければ、分母は基礎体の元になる。

分母の有理化が可能であることの証明はこれで充分だが、実際に有理化する場合、ガロア群の置換をほどこしたすべての式をかけるのは、かなりやっかいな計算になる。実はそれよりももっと簡単な方法があるが、証明するためには前提となる事項がたくさんあるので、割愛する。

1-3　$\mathbb{Z}/5\mathbb{Z}$の加法群

次の方程式について考えよう。
$$x^5 = 2$$

3の次は4なのに、何で5次なのだ？　著者は忘れているのではないか、と思われた方もおられるかもしれないが、ご安心を。$x^n = A$の形の方程式の場合、nが合成数だとガロア群がちょっとややこしくなってしまうので、この章ではnが素数の場合だけを追究するのが既定の方針だったのだ。3の次の素数は5である。

この方程式の係数体は明らかに有理数体**Q**だ。またこの方程式の解は、1の原始5乗根のひとつをζとすると、次のよ

うになる。

$$x = \sqrt[5]{2},\ \sqrt[5]{2}\,\zeta,\ \sqrt[5]{2}\,\zeta^2,\ \sqrt[5]{2}\,\zeta^3,\ \sqrt[5]{2}\,\zeta^4$$

ガロア拡大体Eは

$$E = \mathbb{Q}(\sqrt[5]{2},\ \sqrt[5]{2}\,\zeta,\ \sqrt[5]{2}\,\zeta^2,\ \sqrt[5]{2}\,\zeta^3,\ \sqrt[5]{2}\,\zeta^4)$$

となるが、前節と同じように、

$$\mathbb{Q}(\sqrt[5]{2}) \neq \mathbb{Q}(\sqrt[5]{2}\,\zeta)$$

なので、自己同型写像を見つけることが難しくなる。そこでやはり前節と同じように、係数体$\mathbb{Q}$にζを添加した体Kを基礎体とする。

$$K = \mathbb{Q}(\zeta)$$

するとめでたく次のようになる。

$$\begin{aligned}E &= K(\sqrt[5]{2},\ \sqrt[5]{2}\,\zeta,\ \sqrt[5]{2}\,\zeta^2,\ \sqrt[5]{2}\,\zeta^3,\ \sqrt[5]{2}\,\zeta^4) \\ &= K(\sqrt[5]{2}) = K(\sqrt[5]{2}\,\zeta) = K(\sqrt[5]{2}\,\zeta^2) = K(\sqrt[5]{2}\,\zeta^3) \\ &= K(\sqrt[5]{2}\,\zeta^4)\end{aligned}$$

$\sqrt[5]{2}$を$\sqrt[5]{2}\,\zeta$に置き換える写像をσとすると、ガロア群が次のようになるのも納得できるだろう。

$$\{\varepsilon,\ \sigma,\ \sigma^2,\ \sigma^3,\ \sigma^4\}$$

この群のように、ひとつの元の累乗ですべての元をあらわすことができる群を「巡回群」と呼んでいる。また、その累乗がすべての元をあらわす元を「生成元」という。この場合σが生成元だということはすぐに見て取れるが、実はσ^2、σ^3、σ^4も生成元になっている。

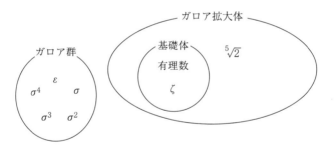

図I-2 $x^5=2$のガロア群とガロア拡大体

第1章 2項方程式

いままで出てきた、$x^2=2$ のガロア群も、$x^3=2$ のガロア群も、それぞれ位数が2、3の巡回群で、σ が生成元となっている。

$x^5=2$ のガロア群について、その演算表も作っておこう。

$\cdot$	ε	σ	σ^2	σ^3	σ^4
ε	ε	σ	σ^2	σ^3	σ^4
σ	σ	σ^2	σ^3	σ^4	ε
σ^2	σ^2	σ^3	σ^4	ε	σ
σ^3	σ^3	σ^4	ε	σ	σ^2
σ^4	σ^4	ε	σ	σ^2	σ^3

図I-3 $x^5=2$ のガロア群の演算表

ここで少々話題を変えて、ある整数で割ったあまりに注目する計算について考えてみよう。

まずは5で割ったあまりに注目する。このことを、法を5にする、といい、記号では次のようにあらわす。

　　$\mathrm{mod}\ 5$

どんな整数も5で割れば、そのあまりは

　　$\{0、1、2、3、4\}$

のどれかになる。そこで、すべての整数をこの5つに類別

してしまう、というのがこの計算の要諦だ。たとえばあまりが1になる整数をすべて同じものとみなす。この世界では、等号＝のかわりに、≡を使う。つまりこういうことだ。

$$1 \equiv 6 \equiv 11 \equiv 16 \equiv 21 \equiv \cdots$$

また負の数に関しても

$$1 \equiv -4 \equiv -9 \equiv -14 \equiv \cdots$$

−4を5で割ったらあまりが1である、というような計算は普通あまりやらないので首をかしげる方もいるかもしれないが、そういうときは定義に戻って考えてみると解決することが多い。

aをbで割ったら商がp、あまりがqになった、という事実は、次の式が成立することを意味している。

$$a = bp + q \qquad ただし 0 \leq q < b、つまりあまりは0以上割る数未満$$

−4を5で割った場合は

$$-4 = 5p + q \qquad ただし、0 \leq q < 5$$

qの候補としては0、1、2、3、4しかないが、pが整数となるのは、1だけだ。したがってこの式は

$$-4 = 5 \times (-1) + 1$$

となり、−4を5で割ったら商は−1、あまりは1となることが明らかになる。

ともかく、$\{\cdots、-9、-4、1、6、11、\cdots\}$ を同じとみなすので、どれかひとつの数字に代表させるのが普通だ。どの数字でも良いのだが、わざわざ大きな数や負の数を用いてわかりにくくする必要はない。そこで $\{0、1、2、3、4\}$ で代表させることにする。

mod 5の世界でも、足し算、かけ算は普通の計算と同じよ

うにできる。たとえば次の要領だ。

$$3+4\equiv 7\equiv 2$$
$$3\times 4\equiv 12\equiv 2$$

文字を使って一般的に証明することもそれほど難しくはない。

この、mod 5の世界の数を、記号で

$$\mathbf{Z}/5\mathbf{Z}$$

とあらわす。$\mathbf{Z}$はすべての整数の集合だ。この記号は、$\mathbf{Z}$を$5\mathbf{Z}$で割ったような様子をあらわしている。$5\mathbf{Z}$は$\mathbf{Z}$に5をかけたもの、つまりすべての5の倍数の集合だ。だからこの記号は、$\mathbf{Z}$を5の倍数で類別したことをあらわしている。

$\mathbf{Z}/5\mathbf{Z}$の元は0、1、2、3、4だ。もちろんこの場合の「1」は、{…、-9、-4、1、6、11、…} の代表としての1だ。

$\mathbf{Z}/5\mathbf{Z}$は、足し算で群をなしている。

群とは、ひとつの演算で閉じている集合のことだった。足し算という演算で閉じている集合を加法群、かけ算という演算で閉じている集合を乗法群と呼んでいる。

 ①閉じている。
 ②結合法則。
 ③単位元の存在。
 ④逆元の存在。

これらが成立する集合を群という。確かめてみよう。

この {0、1、2、3、4} の間で足し算をした結果がこの枠からはみださない、つまり閉じているということは明らかだ。整数の足し算なので、結合法則も問題ない。

$$2+0\equiv 0+2\equiv 2$$

となるので、0が単位元となる。また、

$$1+4 \equiv 5 \equiv 0$$
$$2+3 \equiv 5 \equiv 0$$

なので、1と4、2と3が互いに逆元となっている。

ただし、$\mathbf{Z}/5\mathbf{Z}$はかけ算に対しては群をなしていない。乗法群ではない。0の逆元が存在しないからだ。

この加法群の演算表を書いてみよう。

+	0	1	2	3	4
0	0	1	2	3	4
1	1	2	3	4	0
2	2	3	4	0	1
3	3	4	0	1	2
4	4	0	1	2	3

図I-4 $\mathbf{Z}/5\mathbf{Z}$の加法群の演算表

この表と、$x^5=2$のガロア群の演算表とを比べてみてほしい。そっくりだということがわかるだろう。

そこで、$x^5=2$のガロア群と$\mathbf{Z}/5\mathbf{Z}$の加法群との間に、次のような写像を考える。

$\varepsilon \to 0$

$\sigma \to 1$

$\sigma^2 \to 2$
$\sigma^3 \to 3$
$\sigma^4 \to 4$

この写像が同型写像の条件を満たしているかどうか見てみよう。

σ、σ^3について考える。

○演算⇒写像

演算　$\sigma \cdot \sigma^3 = \sigma^4$
写像　$\sigma^4 \to 4$

○写像⇒演算

写像　$\sigma \to 1$、$\sigma^3 \to 3$
演算　$1 + 3 \equiv 4$

ちゃんと一致する。逆写像について、一般的に調べてみよう。$\sigma^0 = \varepsilon$とすると、逆写像は次のようになる。

$n \to \sigma^n$　　nは0、1、2、3、4のどれか

では、確かめてみよう。

a、bについて考える。

○演算⇒写像

演算　$a + b$
写像　$a + b \to \sigma^{a+b}$

○写像⇒演算

写像　$a \to \sigma^a$、$b \to \sigma^b$
演算　$\sigma^a \cdot \sigma^b = \sigma^{a+b}$

$x^2 = 2$のガロア群の元5個と、$\mathbb{Z}/5\mathbb{Z}$の元5個が1対1対応しているので、全射、単射も問題ない。つまりこの写像は同型写像なのだ。

ふたつの集合の間に同型写像があるとき、これを同型とい

い、≅という記号であらわす。つまり、

　　$x^5 = 2$のガロア群 ≅ **Z**/5**Z**の加法群

　数学において、同型というのは非常に重要な概念だ。ふたつの集合が同型であるとわかれば、一方の集合で証明された定理が、もう一方の集合で自動的に成立することになるからである。

　思いがけない集合が同型であることが判明し、その研究が飛躍的に進展する、という例は多い。数学の可能性を大きく広げてくれる概念なのだ。

　たとえば、ある微分方程式の解の集合とあるベクトルの集合が同型であることが証明されている。微分方程式の解の集合とベクトルの集合が同型だなんて、誰も想像すらしなかったことだ。しかしこの証明のおかげで、その微分方程式についての理解が格段に深化した。

　高校でやる微分方程式は解くことができるものばかりだが、普通、微分方程式というのは解けないものなのだ。そういうやっかいな相手も、同型を用いて克服していくことができるのである。

　この場合、$x^5 = 2$のガロア群も**Z**/5**Z**の加法群も非常に単純な群なので、その同型がわかってもあまりありがたみはないが、それでも**Z**/5**Z**の加法群の方が見やすい、という利点がある。

　たとえばこの群は、単位元以外の元がすべて生成元である、という特徴があるが、**Z**/5**Z**の加法群なら簡単に調べることができる。

　単位元以外の元を次々に累加してみよう。

　　　　1→2→3→4→0→1→…

$2 \to 4 \to 6 \equiv 1 \to 3 \to 5 \equiv 0 \to 2 \to \cdots$

$3 \to 6 \equiv 1 \to 4 \equiv 7 \equiv 2 \to 5 \equiv 0 \to 3 \to \cdots$

$4 \to 8 \equiv 3 \to 7 \equiv 2 \to 6 \equiv 1 \to 5 \equiv 0 \to 4 \to \cdots$

どの元も、累加していくとすべての元が出てくる。つまり生成元なのである。だから同型である $x^5 = 2$ のガロア群も、単位元以外が生成元になっているのである。

> **巡回群**：ひとつの元に繰り返し演算を続けていけば、すべての元が出てくるような群。
> **生成元**：σ が生成元であれば、σ^n ですべての元をあらわすことができる。
> **mod**：「法」。mod p は、p で割ったあまりに注目する、という意味。
> **Z/pZ**：mod p の世界での整数の集合。普通 $\{0, 1, 2, \cdots, p-1\}$ であらわす。加法群をなす。
> **同型**：ふたつの集合に同型写像が存在すること。

1-4 基礎体、ガロア拡大体、ガロア群

2次、3次、5次の場合をふまえて、一般の2項方程式について考えてみよう。

p を素数とする。

$x^p = A$ ただし A は基礎体の元の p 乗ではない。

基礎体 K は、有理数体 $\mathbf{Q}$ に1の原始 p 乗根のひとつ ζ を添加したものとする。

$K = \mathbf{Q}(\zeta)$

このとき、方程式の解は次のようになる。

$x = \sqrt[p]{A}、\sqrt[p]{A}\zeta、\sqrt[p]{A}\zeta^2、\cdots、\sqrt[p]{A}\zeta^{p-1}$

またガロア拡大体 E は次のようにあらわされる。

$$E = K(\sqrt[p]{A}, \sqrt[p]{A}\zeta, \sqrt[p]{A}\zeta^2, \cdots, \sqrt[p]{A}\zeta^{p-1})$$
$$= K(\sqrt[p]{A}) = K(\sqrt[p]{A}\zeta) = K(\sqrt[p]{A}\zeta^2) = \cdots$$
$$= K(\sqrt[p]{A}\zeta^{p-1})$$

いま、$\sqrt[p]{A}$ を $\sqrt[p]{A}\zeta$ に置き換える写像を σ とすると、$\sigma^p = \varepsilon$ となり、

$$\{\varepsilon, \sigma, \sigma^2, \cdots, \sigma^{p-1}\}$$

は群をなす。これがこの方程式のガロア群である。またこのガロア群は、$\mathbf{Z}/p\mathbf{Z}$ の加法群と同型である。

この群の位数は素数 p である。群には、「部分群の位数は全体の群の位数の約数である」という定理がある(ラグランジュの定理、詳しくは p.118)。

この定理を用いると、位数が素数である群が巡回群であることはすぐにわかる。

証明

単位元でない元 σ の位数を n とすると、

$$\{\sigma, \sigma^2, \cdots, \sigma^n = \varepsilon\}$$

は群をなす。つまり部分群である。したがって n は p の約数でなければならない。しかし p は素数なので、$n = p$ となる。つまりこの群は σ を生成元とする巡回群である。証明終わり。

また σ は単位元でない任意の元だから、これは単位元以外の元がすべて生成元になっていることを示している。

位数が素数の群は、群の中でもっともわかりやすく、単純な群である。それでもガロアの理論の中では、非常に重要な働きをする。この群が活躍する華麗な姿は、次の章でお目にかけよう。

第1章 2項方程式

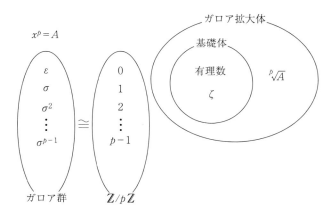

図I-5 $x^p = A$ のガロア群とガロア拡大体

最後に、基礎体、ガロア拡大体、ガロア群のもっとも重要な関係をもう一度強調しておこう。

①ガロア群の置換は基礎体の元を変えない。逆に、ガロア群の置換で変わらない元は基礎体に含まれる。

②ガロア群の置換は、ガロア拡大体の元を変える。しかし演算は保存する。つまり置換をしてから演算をしても、演算をしてから置換をしても、結果は変わらない。別の言葉で言えば、$f(a、b、c、\cdots)=0$のとき、ガロア群の置換をほどこしても結果は変わらず、$f(\cdots)=0$となる。

第2章

ガロア群の位数が素数である方程式

2-0 ガロア群の位数が2

素数pに対して、方程式

$\quad x^p = A \quad$ Aは基礎体の元のp乗ではない整数

のガロア群が、位数pの巡回群であることを見てきた。

では逆に、ガロア群の位数が素数pである方程式は代数的に解くことができるであろうか。

これからこの問題を探究していくわけだが、手がかりが頼りない。条件としてあるのは、ガロア群の位数が素数pであるというだけで、方程式がどういう形をしているのかさえわかっていない。

最初から一般的に話を進めていくのは無理なので、まずは$p=2$の場合から考えていこう。

ガロア群の単位元でない元のひとつをσとすると、群の位数は2なので、群の元は次のふたつだけということになる。

$\quad \{\varepsilon、\sigma\}$

基礎体をKとする。ガロア拡大体は基礎体に方程式の解をすべて添加した体だった。つまり方程式の解をα、β、γ、…とすると、ガロア拡大体Eは、次のようにあらわされる。

$\quad E = K(\alpha、\beta、\gamma、\cdots)$

単拡大定理によれば、α、β、γ、…の1次式V_0が存在して、

$\quad K(\alpha、\beta、\gamma、\cdots) = K(V_0)$

となる。単拡大定理についてはあとで述べる(p.90)。

ガロア群は、$\{\varepsilon、\sigma\}$であるが、σは$K(V_0)$の自己同型写像だ。つまりV_0を何か他のものに置換する。σによってV_0

が置換されるものをV_1としよう。

また$\sigma^2 = \varepsilon$なので、σを2回ほどこしたらもとに戻る。つまり

$\sigma : V_0 \to V_1$

で、これにもう一度σをほどこすともとに戻る。

$\sigma : V_1 \to V_0$

整理するとこういうことになる。

$E = K(V_0) = K(V_1)$

$\sigma : V_0 \to V_1$、$V_1 \to V_0$

ここで、次のような式Tを考える。

$T = V_0 - V_1$

これはラグランジュの分解式と呼ばれる式だ。ラグランジュの分解式が一般的にどういうものであるかは、次の節で触れる。

ここでTにσを作用させる。これを$\sigma(T)$と書くことにしよう。

$\sigma(T) = V_1 - V_0 = -(V_0 - V_1) = -T$

Tにσを作用させると、Tが$-T$に変わるのだ。ということは、T^2にσを作用させてもT^2は変わらない。

ガロア群を作用させても変わらない元は基礎体に含まれている。したがってT^2を求めることは可能だ。これをAとすると、

$T^2 = A$

を解けばTが求まる。

また、$V_0 + V_1$は対称式だ。

対称式とは、入れ替えても変化しない式だった。σはV_0とV_1を入れ替える。だから入れ替えても変化しない対称式は、

σで変化しない。

したがって基礎体に含まれており、求めることができる。これをBとしよう。

TとBが求まることがわかった。あとは簡単だ。

$$\frac{T+B}{2} = \frac{V_0 - V_1 + V_0 + V_1}{2} = \frac{2V_0}{2} = V_0$$

これでV_0が求まった。ガロア拡大体は

$K(V_0)$

だから、ガロア拡大体の元はすべて求まることになる。これでめでたし、めでたしだ。

結局、位数2の巡回群をガロア群として持つ方程式は、

$T^2 = A$

という補助方程式を解くことによって解を求めることができることがわかった。この$T^2 = A$のように、方程式を解くために必要な別の方程式を、補助方程式と呼んでいる。

結局、ガロア群が位数2の巡回群である方程式は、四則以外に、$T^2 = A$を解く、つまり平方根を求めればいいことが明らかになった。

2-1 ラグランジュの分解式

ガロア群が位数3の巡回群である方程式はどうであろうか。

ガロア群の単位元でない元のひとつをσとする。単位元でない元はすべて生成元となるので、ガロア群は次のようになる。

$\{\varepsilon、\sigma、\sigma^2\}$

第 2 章 ガロア群の位数が素数である方程式

　ガロア拡大体は方程式の根をすべて添加した体だったが、単拡大定理により、ひとつの量V_0を添加したものと同じになる。基礎体をKとすると、ガロア拡大体Eは、次のようにあらわされる。

　　$E = K(\alpha 、\beta 、\cdots) = K(V_0)$

σによって$V_0 \to V_1$、σ^2によって$V_0 \to V_2$となることにする。つまり、

　　$\sigma(V_0) = V_1 \qquad \sigma^2(V_0) = V_2$

ガロア群の元はこのV_0、V_1、V_2を置換する写像だが、要素が素数個で、位数も同数なので、これは次のようにV_0、V_1、V_2を次々にならべかえる置換を生成元とする（p.89参照）。

　　$\sigma : V_0 \to V_1, V_1 \to V_2, V_2 \to V_0$

　置換の全体の様子がわかるように書くと次のようになる。前に書いたとおり、上の段にある元を下の段にある元に置き換える、と解釈してほしい。

$$\sigma = \begin{pmatrix} V_0 & V_1 & V_2 \\ V_1 & V_2 & V_0 \end{pmatrix}$$

　このように、要素を次々にならべかえる置換を、巡回置換という。要素の順番が変わらず、ぐるぐる回すように置き換える、という意味だ。巡回群とは意味が違うので、混同しないように。

　ではここで、次のような式Tを定めよう。ラグランジュの分解式だ。1の原始3乗根をωとする。

　　$T = V_0 + \omega V_1 + \omega^2 V_2$

　ラグランジュはこの奇妙な式が、方程式を探究する上で大きな役割を果たすことを発見した。ラグランジュの分解式の一般式は次のようになる。1の原始n乗根をζとする。

$$V_0 + \zeta V_1 + \zeta^2 V_2 + \cdots + \zeta^{n-1} V_{n-1}$$

1の原始平方根（2乗根）は-1なので、2次のラグランジュの分解式はこうなる。

$$V_0 - V_1$$

これは前の節に出てきた。

1の原始3乗根をωとすると、3次のラグランジュの分解式は、上記したTとなる。

$$T = V_0 + \omega V_1 + \omega^2 V_2$$

1の4乗根は、1、i、-1、$-i$なので、原始4乗根はiと$-i$だ。iを採用すると、4次のラグランジュの分解式はこうなる。

$$V_0 + iV_1 + i^2 V_2 + i^3 V_3 = V_0 + iV_1 - V_2 - iV_3$$

1の原始5乗根をζとして、5次のラグランジュの分解式を書いてみよう。

$$V_0 + \zeta V_1 + \zeta^2 V_2 + \zeta^3 V_3 + \zeta^4 V_4$$

以下同様。

では、話をもとに戻そう。まずはTにσを作用させるとどうなるかを確かめる。

$$\sigma(T) = V_1 + \omega V_2 + \omega^2 V_0 = \omega^2 (V_0 + \omega V_1 + \omega^2 V_2) = \omega^2 T$$

なんと、Tが$\omega^2 T$に変わるのだ。

次にσ^2を作用させてみよう。

$$\sigma^2(T) = V_2 + \omega V_0 + \omega^2 V_1 = \omega(V_0 + \omega V_1 + \omega^2 V_2) = \omega T$$

TがωTに変わることがわかる。

ωは1の3乗根なので、T^3はσでもσ^2でも変化しない。ガロア群で変化しない元は基礎体に含まれているので求めることができる。これをAとしよう。すると、

$$T^3 = A$$

という補助方程式を解けば、Tがわかる。あとは、このTをもとにしてV_0を求めれば解決だ。これは可能なのだが、計算は相当複雑なものになる。幸い、この場合は対象がV_0、V_1、V_2の3つなので、うまい手がある。次のSを考えるのだ。

$S = V_0 + \omega V_2 + \omega^2 V_1$

このSにσとσ^2を作用させてみる。

$\sigma(S) = V_1 + \omega V_0 + \omega^2 V_2 = \omega(V_0 + \omega V_2 + \omega^2 V_1) = \omega S$

$\sigma^2(S) = V_2 + \omega V_1 + \omega^2 V_0 = \omega^2(V_0 + \omega V_2 + \omega^2 V_1)$
$\qquad\quad = \omega^2 S$

Sもσやσ^2でωSや$\omega^2 S$に変化するだけなので、S^3はσ、σ^2で変化しない。したがってS^3は基礎体に含まれる。これをBとおき、

$S^3 = B$

を解けばSが求まる。

また$V_0 + V_2 + V_1$はV_0、V_2、V_1の対称式なので、当然σで変化しない。これをCとすると、Cは基礎体に含まれているので求められる。

では、C、T、Sを並べてみよう。

$C = V_0 + V_2 + V_1$
$T = V_0 + \omega V_1 + \omega^2 V_2$
$S = V_0 + \omega^2 V_1 + \omega V_2$

これを辺々足してみる。

$C + T + S = 3V_0 + (1 + \omega + \omega^2)V_1 + (1 + \omega + \omega^2)V_2$

ここで、$1 + \omega + \omega^2 = 0$であることを思いだしてほしい。すると上の式は

$C + T + S = 3V_0$

$$V_0 = \frac{C+T+S}{3}$$

となり、V_0 を求めることができるというわけだ。

ラグランジュの分解式：n 個の値 V_0、V_1、V_2、…、V_{n-1} と、1 の原始 n 乗根 ζ を次のように組み合わせた式。

$$V_0 + \zeta V_1 + \zeta^2 V_2 + \cdots + \zeta^{n-1} V_{n-1}$$

巡回置換：n 個の要素 $\{1, 2, \cdots, n\}$ を次のようにぐるぐる回すように置き換える置換。

$$\begin{pmatrix} 1 & 2 & 3 & \cdots & n \\ 2 & 3 & 4 & \cdots & 1 \end{pmatrix}$$

2-2　対称性を叩きつぶす

ガロア群の位数が素数 p であるとき、その方程式を代数的に解くことができるか、を考えてみよう。

ガロア群の位数が p であれば、ガロア拡大体 E は次のような形になる。基礎体を K とする。

$$E = K(V_0) = K(V_1) = \cdots = K(V_{p-1})$$

またガロア群の元は、次のような巡回置換である（p.89 参照）。この場合の 1、2、… は数字の 1、2、… ではなく、それぞれ 1 番目の要素、2 番目の要素、… をあらわしている。

$$\sigma : 1 \to 2,\ 2 \to 3,\ \cdots,\ p \to 1$$

全体を見通せるように書くと次のようになる。

$$\sigma = \begin{pmatrix} 1 & 2 & 3 & \cdots & p \\ 2 & 3 & 4 & \cdots & 1 \end{pmatrix}$$

ここで、V_0、V_1、…、V_{p-1} のラグランジュの分解式 T を作

る。1の原始p乗根をζとする。そしてTにσ、σ^2、σ^3、…、$\sigma^p = \varepsilon$を作用させると、全体として次の式が出てくる。

$\quad T$、ζT、$\zeta^2 T$、…、$\zeta^{p-1} T$

したがって、T^pはσ、σ^2、σ^3、…、$\sigma^p = \varepsilon$で変化しない。つまりT^pは基礎体に含まれるので、これを求めることは可能だ。これをAとしよう。すると、

$\quad T^p = A$

を解けばTが求まる。

Tを求めたあと、それによってV_0などが求まるか、が次の問題となるが、これはラグランジュが肯定的に解決した。しかしその計算は普通、かなり煩雑なものとなる。

この点は、ガロアとラグランジュをめぐるちょっとしたエピソードとも関連があるので、節をあらためて触れることにしよう。

ラグランジュは、方程式の代数的解法を追究する過程で、ラグランジュの分解式を見いだした。

2次方程式の根の公式は中学でも教えるほど周知となっており、また3次方程式、4次方程式にはよく知られている公式以外にもいくつもの解法が見いだされている。ラグランジュはこれらの解法を徹底的に研究した。

方程式の根の公式は、方程式の係数を用いて根を表現する方法だ。つまり係数→根という方向だが、ラグランジュは逆に、根→係数という方向で考察する。方向を逆にするだけで、それまでまったく見えていなかったものが見えてきたのだ。

根と係数の関係は昔からよく知られている。

2次方程式 $x^2+ax+b=0$ の根を α、β とすると、

$a = -(\alpha + \beta)$
$b = \alpha\beta$

3次方程式 $x^3+ax^2+bx+c=0$ の根を α、β、γ とすると、

$a = -(\alpha + \beta + \gamma)$
$b = \alpha\beta + \beta\gamma + \gamma\alpha$
$c = -\alpha\beta\gamma$

4次方程式 $x^4+ax^3+bx^2+cx+d=0$ の根を α、β、γ、$\overset{\text{デルタ}}{\delta}$ とすると、

$a = -(\alpha + \beta + \gamma + \delta)$
$b = \alpha\beta + \alpha\gamma + \alpha\delta + \beta\gamma + \beta\delta + \gamma\delta$
$c = -(\alpha\beta\gamma + \alpha\beta\delta + \alpha\gamma\delta + \beta\gamma\delta)$
$d = \alpha\beta\gamma\delta$

5次方程式以後も同様だ。

ここに並んでいるように、n 個の要素に対して、「すべての和、2個ずつのすべての積の和、3個ずつのすべての積の和、…、n個の積」を基本対称式と呼んでいる。

5個の要素の基本対称式を書いてみよう。5個の要素を α_0、α_1、α_2、α_3、α_4 とする。

・すべての和

$\alpha_0 + \alpha_1 + \alpha_2 + \alpha_3 + \alpha_4$

・2個ずつのすべての積の和

$\alpha_0\alpha_1 + \alpha_0\alpha_2 + \alpha_0\alpha_3 + \alpha_0\alpha_4 + \alpha_1\alpha_2 + \alpha_1\alpha_3$
$+ \alpha_1\alpha_4 + \alpha_2\alpha_3 + \alpha_2\alpha_4 + \alpha_3\alpha_4$

- 3個ずつのすべての積の和

    $\alpha_0\alpha_1\alpha_2 + \alpha_0\alpha_1\alpha_3 + \alpha_0\alpha_1\alpha_4 + \alpha_0\alpha_2\alpha_3 + \alpha_0\alpha_2\alpha_4$
    $+ \alpha_0\alpha_3\alpha_4 + \alpha_1\alpha_2\alpha_3 + \alpha_1\alpha_2\alpha_4 + \alpha_1\alpha_3\alpha_4$
    $+ \alpha_2\alpha_3\alpha_4$

- 4個ずつのすべての積の和

    $\alpha_0\alpha_1\alpha_2\alpha_3 + \alpha_0\alpha_1\alpha_2\alpha_4 + \alpha_0\alpha_1\alpha_3\alpha_4$
    $+ \alpha_0\alpha_2\alpha_3\alpha_4 + \alpha_1\alpha_2\alpha_3\alpha_4$

- 5個の積

    $\alpha_0\alpha_1\alpha_2\alpha_3\alpha_4$

つまり、方程式の係数は根の基本対称式、あるいは基本対称式の−1倍なのである。つまり完全な対称性を有している。ところが根は、ひとつひとつバラバラであり、対称性が完全に崩れている。

この対称性の度合いを測る尺度が、置換なのだ。対称式は、当然のことながら、あらゆる置換で変化しない。完全な対称性を有しているのである。ところが根はそうではない。αという根に置換を作用させると、変化しないこともあるが、βやらγやらとまったく関係のないところに変化してしまうこともある。対称性が崩れているのである。

方程式を解くということは、完全な対称性を有している係数を叩いたり砕いたりして、その対称性を崩していく過程であると言うことができる。

たとえば

$$(\alpha - \beta)^2 = 2$$

という式に対して、(1 2)という置換をほどこしても

$$(\alpha - \beta)^2 = 2 \rightarrow (\beta - \alpha)^2 = 2$$

となり何の変化も訪れない。対称性が保たれているのである。ところがこれを解いて、

$$\alpha - \beta = \sqrt{2}$$

と指定したとしよう。(1 2)という置換をほどこすと

$$\alpha - \beta = \sqrt{2} \rightarrow \beta - \alpha = -\sqrt{2}$$

と変化してしまう。対称性が崩れたのである。

係数に、+、-、×、÷の演算をほどこしても対称性は崩れない。ところが累乗根を求める場合、p乗根であればp個のp乗根が出てくる。そのうちのひとつを指定することにより、対称性が崩れるのだ。

ラグランジュは、方程式を解く過程で出てくる補助方程式に注目した。補助方程式の根は、完全な対称性を有しているわけではないが、粉々に打ち砕かれているわけでもない。中途半端な対称性を有しているのである。

たとえばラグランジュは3次方程式の解の公式を分析している途中で、次の式を発見した。ωは1の原始3乗根のひとつである。

$$T = \alpha + \omega \beta + \omega^2 \gamma$$

3次のラグランジュの分解式だ。このTに次のような巡回置換を作用させる。

$$\sigma = \begin{pmatrix} \alpha & \beta & \gamma \\ \beta & \gamma & \alpha \end{pmatrix}$$

σを作用させると、Tは次々にωTや$\omega^2 T$に変わる。明らかに対称性は崩れているのだが、完全に崩壊しているわけではない。対称性が中途半端に残っているのだ。

　ラグランジュは、この分解式のように、方程式を解く過程で出てくる根の有理式に注目した。4次までの方程式は、次々に根の有理式を求め、最後は根にまでたどりついている。5次方程式の場合も、まずは根の有理式を求める必要があると考えたのだ。

　根の有理式の値を求める方法は、この節のはじめでTを求めたのと同じだ。その有理式にあらゆる置換をほどこし、出てきたものをうまくまとめあげて対称式を作り出す。

　ガロア群の置換で変化しないものは基礎体に含まれる、という事実を最大限に利用するのだ。もちろんラグランジュはガロア群や基礎体などという言葉を知らなかったが、めざしていたのはそういうことだった。

　しかし5次方程式の根は5つである。その置換は、5! = 120と120個もある。4次方程式の根の置換が4! = 24個だけだったのと比べると、ためいきが出るほど多い。また、5つの根の有理式は、当然のことながら無限個ある。その中から根を求めることができそうな有理式を探し出し、120個の置換を作用させて、なんとかそれをまとめあげるというのは、想像しただけでうんざりする作業だ。

　ラグランジュはその膨大な作業を前にして茫然とした。

　そして、やーめた！　ということになったのである。ラグランジュはその方程式についての歴史的な著作『方程式の代数的解法についての考察』（1770、1771）の最後に、その作業はあまりに膨大だからいまはパス、でもいつかまたもどって

くるつもりだ、と記したまま、もどってきはしなかった。

ラグランジュは5次方程式が代数的に解けると確信していたので、そのような根の有理式が存在することを疑いもしなかった。しかしここで手を引いたのはラグランジュのためには良かったと言えよう。

もしラグランジュが、5次方程式の解法の発見に執念を燃やす粘着質の男だったら、それ以後の歳月を無駄な努力に費やしたはずだ。アーベルが、そしてガロアが発見したように、そのような有理式は存在しないのだから。

ラグランジュは分解式を発見したが、それを充分に活用することはできなかった。ラグランジュの分解式に晴れの舞台を用意したのはガウスだった。

円周等分方程式を解明する過程で、ガウスはラグランジュの分解式に、これ以上はない活躍の場を与えたのである。円周等分方程式については第3章で詳説する。ここではガロア群の位数が素数である場合、ラグランジュの分解式を求めることによって問題が解決することを述べたが、アイディアはガウスのものをそのまま拝借した。

ともかく、ガロア群の位数が素数であればその方程式は代数的に解けることが明らかになった。これはガロアの理論において重要なポイントとなる。

> ガロア群の位数が素数 p
> $\Leftrightarrow T^p = A$ を解くことで、その方程式を解明できる。

Note.

●定理：p(素数)個の置換の位数が p なら、それは巡回置換である。

たとえば次のような置換を考えてみよう。

$$\sigma = \begin{pmatrix} 1\,2\,3\,4\,5\,6\,7 \\ 4\,1\,7\,6\,3\,2\,5 \end{pmatrix}$$

それぞれの要素がどのように置換されるか追っていく。まずは1から。

　1→4→6→2→1→…

あとはこの繰り返しだ。次にここにあらわれていない要素を考える。3からはじめよう。

　3→7→5→3→…

あとはこの繰り返しであり、ここにすべての要素があらわれている。つまりこの置換は、1→4→6→2→1→…という巡回置換と、3→7→5→3→…という巡回置換を組み合わせたものなのだ。すべての置換はこのように、巡回置換の組み合わせであらわすことができる。

　1→4→6→2→1→…という巡回置換を $\alpha = (1\ \ 4\ \ 6\ \ 2)$
　3→7→5→3→…という巡回置換を $\beta = (3\ \ 7\ \ 5)$

のように書こう。α は4回繰り返せばもとに戻る。つまり α の位数は4である。同様に β の位数は3である。

では α と β を組み合わせた σ の位数はどうなるのだろうか。

小学生のとき、電車は4分ごとに、バスは3分ごとに出発する。いま同時に出発した電車とバスが、次に同時

に出発するのは何分後か、というような問題をやったことがあるはずだが、それと同じだ。電車とバスは4と3の最小公倍数である12分後に同時に出発する。σの位数もまた12となる。

置換τが、位数がp、q、…、rである巡回置換に分解されたとする。そのときτの位数は、p、q、…、rの最小公倍数になる。

素数p個の要素の置換$\overline{\rho}$の位数がpである場合、ρを巡回置換に分解できないことは明らかだろう。したがってρは次のような巡回置換だとわかるのである。

$$\rho = (1、2、\cdots、p)$$

2-3 ラグランジュ vs. ガロア

ガロア群の位数が素数pであるとき、その方程式は$T^p = A$という方程式を解くことによって解決できることが明らかになった。しかし、Tによってα、β、…を求めることができるか、という問題が残っている。

現代ではこれは、単拡大定理という、より一般的なかたちで知られている。

◎単拡大定理
　体Kの元を係数とする方程式の根α、β、γ、…でKを拡大する。α、β、γ、…は同じ方程式の根でなくてもかまわない。このとき、やはり体Kの元を係数とする方程式の根Vが存在して、

K(V)＝K(α、β、γ、…)

という関係が成立する。

わたしははじめてこの定理を目にしたとき、こんなすごいことが成立するんだ！　と驚いてしまった。なにしろKにいくらたくさんの元を追加しても、それをたったひとつの元で代表させることができるというのだ。

この定理が成立すれば、先ほどの懸念もすべて解決する。
Vは体Kの元を係数とする方程式の根なので、$K(V)$の元はすべて次のようにあらわすことができる。

$$a_nV^n + a_{n-1}V^{n-1} + a_{n-2}V^{n-2} + \cdots + a_0$$

$$a_n、a_{n-1}、a_{n-2}、\cdots、a_0 \in K$$

$K(V)=K(α、β、γ、…)$なので、αは当然$K(V)$の元だ。だから

$$\alpha = a_nV^n + a_{n-1}V^{n-1} + a_{n-2}V^{n-2} + \cdots + a_0$$

とあらわすことができる。つまりVがわかればαもわかるのだ。β以下も同様。

本当にこんなことが成り立つのだろうか。

手近にあった『代数演習』という問題集に、次のような問題があった。

$\mathbf{Q}(\sqrt{2}+\sqrt{3}) = \mathbf{Q}(\sqrt{2}, \sqrt{3})$であることを証明せよ。

Qに$\sqrt{2}$と$\sqrt{3}$を添加した体が、$\sqrt{2}+\sqrt{3}$というひとつの元を添加した単拡大であるというのである。この問題集は現代風の優雅な方法で証明することを推奨しているが、ラグラン

ジュは実際に計算を実行する。
$$\sqrt{2}+\sqrt{3} \in \mathbb{Q}(\sqrt{2}, \sqrt{3})$$
は自明なので、
$$\mathbb{Q}(\sqrt{2}+\sqrt{3}) \subset \mathbb{Q}(\sqrt{2}, \sqrt{3})$$
ここまでは簡単だ。

逆に、$\sqrt{2}$ や $\sqrt{3}$ を $\sqrt{2}+\sqrt{3}$ の多項式であらわすというのは、どうやればいいのだろうか。

ちょっと難しそうだが、
$$V^3 = 11\sqrt{2} + 9\sqrt{3}$$
に気付けば、簡単だ。つまり
$$V^3 - 9V = 11\sqrt{2} + 9\sqrt{3} - 9(\sqrt{2}+\sqrt{3}) = 2\sqrt{2}$$
$$V^3 - 11V = 11\sqrt{2} + 9\sqrt{3} - 11(\sqrt{2}+\sqrt{3}) = -2\sqrt{3}$$
だから、
$$\sqrt{2} = \frac{1}{2}V^3 - \frac{9}{2}V$$

$$\sqrt{3} = -\frac{1}{2}V^3 + \frac{11}{2}V$$

したがって
$$\mathbb{Q}(\sqrt{2}+\sqrt{3}) \supset \mathbb{Q}(\sqrt{2}, \sqrt{3})$$
$$\therefore \mathbb{Q}(\sqrt{2}+\sqrt{3}) = \mathbb{Q}(\sqrt{2}, \sqrt{3})$$

これで証明は完了だ。

この程度なら、ジロリとにらんでから計算していけば、結論の式を導き出すことができる。

しかし普通は、こんな簡単に解決できるような計算ではない。

ラグランジュは、どのような場合でも計算できる具体的なアルゴリズムを示した。だから一般的な証明になっているの

だ。

アイディアは前節の冒頭でTを分析したのと同じで、たとえばVの有理式なら、そのVをVの仲間たちに置換した式をすべて集め、それらの式の対称式を作る。するとその式は当然すべての置換で変化しないので、その係数は基礎体の中にある、という仕組みだ。

ある数αを根とする、基礎体の元を係数とする最小の次数の多項式を「最小多項式」という。そしてその最小多項式の根を「共役」という。

$V = \sqrt{2} + \sqrt{3}$の最小多項式を求めてみよう。$x = \sqrt{2} + \sqrt{3}$とおいて、まず2乗する。

$$x = \sqrt{2} + \sqrt{3} \to x^2 = 2 + 2\sqrt{6} + 3 = 5 + 2\sqrt{6}$$

移項して

$$x^2 - 5 = 2\sqrt{6}$$

ふたたび2乗する。

$$x^4 - 10x^2 + 25 = 24$$
$$x^4 - 10x^2 + 1 = 0$$

これが最小多項式だ。この根は

$$\sqrt{2} + \sqrt{3}、\sqrt{2} - \sqrt{3}、-\sqrt{2} + \sqrt{3}、-\sqrt{2} - \sqrt{3}$$

なので、これらが共役となる。

ラグランジュによる証明は、Vの多項式を置換してできた式をまとめていく。ラグランジュ流に計算していくと、最初は$\sqrt{2}$や$\sqrt{3}$が出てきてごちゃごちゃしている。しかし整理すると、$\sqrt{2}$や$\sqrt{3}$が消えてしまうのだ。すべての置換で変化しないのだから、その係数はすべて$\mathbf{Q}$の元、つまり有理数とな

る、というのが理屈ではわかっていても、実際に$\sqrt{2}$や$\sqrt{3}$が消えて有理数だけになっていく過程を目にすると、スカッとする。

途中で出てきた分数式も、これにVを代入すると本当に$\sqrt{2}$になるのか、と半信半疑だったが、最後は本当にそうなって、気持ちがいい。

ちなみにこの問題が載っていた『代数演習』の解答は、まず、

$$\mathbf{Q}(\sqrt{2}+\sqrt{3}) \subset \mathbf{Q}(\sqrt{2}, \sqrt{3})$$

を確認し、次に$\mathbf{Q}\to\mathbf{Q}(\sqrt{2}+\sqrt{3})$の拡大次数と$\mathbf{Q}\to\mathbf{Q}(\sqrt{2}, \sqrt{3})$の拡大次数を議論しておしまい、さっぱりしたものである。

計算は$\sqrt{2}+\sqrt{3}$の最小多項式を求めただけ。これは上でやったように、2乗して、移項して、また2乗するだけだ。中学生でもできる。アルゴリズムを示すことなくその性質を証明する、これが現代数学のやり方だ。

ラグランジュ流に計算をしながら、ラグランジュは証明を完成させるまでに、いったいどれほどの計算をしたのだろうか、と想像せざるをえなかった。そもそもこの証明を思いついたのは、5次方程式の解法を探究していたときだ。有力そうな方程式の根の有理式を作ってみて、あれこれいじくりまわす。その有理式から根を導き出す計算を繰り返し、たどりついたのがあの証明だったのだろう。

基本的なアイディアは、有理式で根の置換を行い、出てきた異なる有理式で対称式を作る、というものである。そうするとすべての置換で変化しない式になるので、その係数はすべて基礎体の元になる。

第 2 章　ガロア群の位数が素数である方程式

　しかし理屈はそうであっても、実行するのは大変だ。5次方程式の根は5つであり、その置換群の元は5! = 120通りにもなるのである。120通りもの置換を作用させてできた式をまとめる、なんてことを本当にやったのだろうか。

　もっとも、一般の5次方程式を代数的に解くことができない、と最初に証明したルフィニは、この120の置換の一覧表を作り、置換の演算を実行していろいろと実験を繰り返したと伝えられている。想像しただけでうんざりするような作業だ。最初の論文が批判されると、ルフィニは14年間苦労を重ね、第2の論文を発表する。そのような執念の人だからできたことだろう。

　ラグランジュが実際にどのような計算をしていたか、いまとなってはわからないが、それこそ泥沼をはいずりまわるような計算の結果、この証明を生みだしたのだろう。とにかくラグランジュの方針にしたがって計算を進めていけば、α、β、γ、…をVの多項式であらわすことができるのだ。

　現在ガロア理論は線形代数を基礎として非常にすっきりと整理されている。単拡大定理についても、ある教科書ではさらりとこう述べられている。

　　証明　定理22によって、中間体が有限個しか存在しないからである。(証明終り)
　(『ガロア理論入門』エミール・アルティン、寺田文行訳、ちくま学芸文庫)

　たったこれだけである。面倒な計算などどこにもない。もちろんこのように断言するためには、たくさんの定理の積み

重ねがあるのだが、それらの定理の証明にも、ラグランジュの証明にあったような泥臭い計算は見当たらない。抽象的な議論が続くだけだ。ラグランジュが見たら腰を抜かすのではないだろうか。

というより、$\alpha = f(V)$ という式を導くアルゴリズムをともなわない証明など、ラグランジュは認めないのではないだろうか。ある意味で、ガロアがはじめた数学革命の結果を示しているとも言えよう。

はじめはラグランジュによる証明をできるだけわかりやすく紹介しようと考えていたが、やはり割愛することにする。それほど難しいわけではないが、煩雑であり、いまとなっては歴史的な興味しかないものを読者に強いるのは負担が大きすぎるのではないか、と考えたからだ。

数学を生涯の仕事にしようというような人には、ラグランジュの力業を鑑賞し、その剛腕を身につけるよう努力することも意味があるだろうが、趣味として数学を楽しもうというときは、そこまでやる必要はなかろう。

といって現代流の証明を紹介しようとすれば、現代代数学の基礎から話しはじめなければならず、このような一般の人向けの本には似つかわしくない。

単拡大定理はガロアの理論の重要なポイントであり、ガロアの第1論文でも補題Ⅲとして取り上げられている。

ところが不思議なことに、ガロアはラグランジュの証明を引用するのではなく、独自の証明を記している。

この証明が少々わかりにくい。後半の重要な部分で、「そ

のとき……となる」と書いてあるのだが、どうしてそうなるのか説明がほとんどない。ガロアにとってはあたりまえのことなのかもしれないが、読者にとってはつらい。

　ガロアの第1論文を審査したポアソンは、補題Ⅲの証明は不十分だが、ラグランジュの論文によれば正しい、と記した。返還された論文でそのメモを見たガロアはポアソンの注の下に「人は判断するだろう」と書き込んだという。

　ガロアの証明は、基本的に正しかった。しかしポアソンが言うように、不十分な面があったのも事実だ。

　しかしどうしてガロアは第1論文で、ラグランジュの証明を使わずに、わざわざ独自の証明を載せたのだろうか。

　その理由について、ガロアの説明は何も残っておらず、本当のところはわからない。この点について倉田令二朗がおもしろい見解を述べている。以下に紹介しよう。

　ガロアの理論の中心は、体と群が1対1に対応するという、ガロアの対応である（p.196参照）。

　これは、ガロア群の置換がガロア拡大体の自己同型写像であること、ガロア群の置換によって不変な根の有理式は基礎体に含まれること、単拡大定理などから導かれる。ところがこれらは基本的にすべてラグランジュが見いだしていたことなのである。だからガロアの理論は、ラグランジュにあともう一歩を付け加えたものである、というようなことがよく言われている。

　実際、ガロアの理論の一般向けの解説書の多くは、このような見解に近いことを述べている。

　しかし倉田令二朗はこれに反論する。

まず第1説として、ラグランジュのガロアへの影響は決定的である、という説を解説する。この説にもそれなりに説得力がある。

　しかしそのあとで、力強く、第2説——ラグランジュのガロアへの影響は皆無であるか、ほとんどない、と主張するのである。

　ラグランジュの発見をメドとしたぐらいでガロア群が生まれるわけはない、と。

　ガウスは『ガウス整数論』第7章「円の分割を定める方程式」の冒頭で、この理論が積分

$$\int \frac{dx}{\sqrt{1-x^4}}$$

に依拠する超越関数に対しても適用できる、と書いたが、この一言が若きアーベルとガロアを楕円関数の研究に向かわせた。この超越関数はレムニスケートのことで、アーベルはレムニスケートの等分問題を解決している。

　ガロアも楕円関数の研究に邁進し、未完となった第2論文でもその主要なテーマとなっている。17歳で第1論文を執筆し、20歳で死をむかえるまで、その研究の中心は楕円関数や、その中で見いだされたモジュラー方程式に向けられたと思われる。

　倉田令二朗は言う（『ガロアを読む——第Ⅰ論文研究』日本評論社、以下同）。

第 2 章　ガロア群の位数が素数である方程式

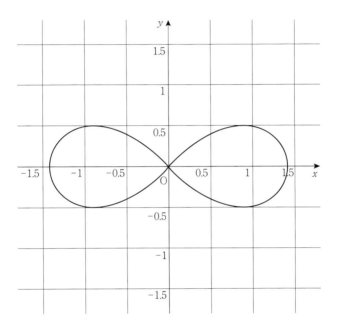

図2-0　レムニスケート

第Ⅰ論文に直結していたのはラグランジュではなく、楕円関数、第Ⅱ論文だった。
　その通り、モジュラー方程式のもとではガロア群が見えてくるのだ。

ガロアが第1論文の補題Ⅲの証明についてラグランジュを引用しなかったのは、ラグランジュの論文を読んでいないか、あるいはラグランジュの亜流であることを拒否しようとしたのではないか、と彼は言う。実際、ガロアはガウス、アーベル、コーシーは引用しているが、ラグランジュを引用したことは一度もないという。

　それなのに、ガロアの意図を無視するようなラグランジュ―ガロア直結論がどうして可能になったのか。

　それはガロア第Ⅰ論文（代数的可解性の必要十分条件）を基礎とする代わりに対応定理を基礎とする視点（中略）である。ここでは根の有理式の考察、それを不変にする部分群、基本補題Ⅱの拡張と進むから、単にラグランジュの世界のガロア群による見直しと拡張に見えるのだ。
　ガロア群は前提にされている！　ブルバキ史観なのだ。
　こうして、基本定理をすりかえ、ガロア群の成立を前提として事後的に作り上げた展開のもとで、ガロアは（中略）ラグランジュ理論の完成者となるのである。
　この展開はデデキントに始まる。

かくて、ガロアはラグランジュ理論の完成者であり、デデキントはガロアの理論の創設者である。
　あわれなガロアはガロア理論の脇役となるのである。
（第2説は高瀬正仁氏に負うところが大きい。）
（中略）
　私の単純な目標（第Ⅰ論文をあますところなく理解する）にとって、第Ⅱ論文、モジュラー方程式研究は不可欠である。この場合、もはやラグランジュでもあるまい、とは思う。

──────────────

非常におもしろい見解だと思う。
山下純一もこう述べている（『ガロアへのレクイエム』）。

──────────────

「ガロアの理論」というときには、ふつう、「解の公式」の話からスタートして（有限）群論へというパターンが一般化していて、ガウス、アーベル、ヤコビあたりもまきこんだ、楕円関数論などとのかかわりについては語られることがすくない。とはいえ、それではガロアが小さくなりすぎる。アーベル関数論方面に関するリーマンの「先駆者」というダイナミックでスケールの大きいガロア像を描いてみたいというようなときには不満を感じてしまうはずだ。
　カルダノ→オイラー→ラグランジュ→ガロア
　というよくあるパターンの中に、ガウス、アーベル、リーマンあたりをまきこんだ
　ラグランジュ→ガウス→アーベル→ガロア……→リーマン

> 的なパターンを重視しようというときには、『数論研
> 究』の第7章をクローズアップすることが必要だろう。

ここにある「『数論研究』の第7章」とは、『ガウス整数論』第7章、「円の分割を定める方程式」のことだ。

もうひとつ、高瀬正仁の言葉も引用しよう(『ガウスの数論』ちくま学芸文庫)。

> ガウスが明示した道筋をそのままたどっていくと、ガウスの解法は後年のガロア理論に沿う解法とまったく同じであることがわかります。
>
> 円周等分方程式を代数的に解いたガウスの道筋を顧みれば、さながらガロアの理論そのものが透けて見えるかのような感慨を覚えます。

次章では、ガロアも熟読していたに違いない『ガウス整数論』第7章、「円の分割を定める方程式」にかかわる問題を扱うことにしよう。

最小多項式:基礎体を係数とし、αを根とする方程式のうち、次数が最小のものをαの最小多項式という。
共役:同じ既約な方程式の根。

第3章

円の分割を定める方程式

3-0 円周等分方程式

この章では、1のn乗根（nは自然数）を代数的に求めることができるか、を追究する。

まずは1を極形式であらわしてみよう。

$$1 = \cos 2m\pi + i \sin 2m\pi \qquad mは整数$$

したがってそのn乗根はこうなる。

$$1^{\frac{1}{n}} = \cos\frac{2m\pi}{n} + i \sin\frac{2m\pi}{n}$$

この形を見れば、複素平面上で半径1の円をn等分した点であることは明らかだろう。1の5乗根の場合を図示すると図3-0のようになる。

この図を見れば、1のn乗根を求めることを円周等分問題と言うのも納得がいくはずだ。

1のn乗根は、方程式

$$x^n = 1$$

の根だ。この式を移項して因数分解する。

$$x^n - 1 = 0$$
$$(x-1)(x^{n-1} + x^{n-2} + x^{n-3} + \cdots + x^2 + x + 1) = 0$$

したがって、1のn乗根を求めるということは、方程式

$$x^{n-1} + x^{n-2} + x^{n-3} + \cdots + x^2 + x + 1 = 0$$

を解くことを意味している。この方程式は円周等分方程式とも呼ばれている。

すべての円周等分方程式は代数的に解くことができる、と

第 3 章　円の分割を定める方程式

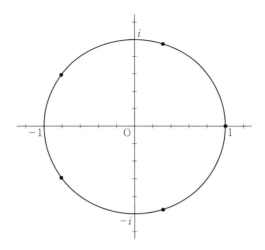

図3-0　１の５乗根

いうことを証明したのはガウスだ。

　同時にその解法を１の17乗根を求める方程式に適用し、１の17乗根が平方根だけであらわされることに気付いた。

　ユークリッドの時代にはすでに、正３角形、正方形、正５角形、正15角形、そしてそれらの頂点数を２の巾乗倍してできる正多角形は、コンパスと定規で作図できることがわかっていた。

　コンパスと定規で作図できるのは、あらゆる有理数と、その平方根である。

　１の17乗根が平方根だけであらわされるということは、コンパスと定規で作図できることを意味している。何と、ユークリッド以来の大発見である。

ガウスはこの成果を『ガウス整数論』第7章で詳説した。『ガウス整数論』の中でも、この第7章はちょっと毛色が変わっている。そもそも整数論の本なのに、どうして方程式の話になるのか、と疑問に思う。ガウスには、この本を貫くテーマである平方剰余の相互法則を拡張していこうという意図があり、この円周等分方程式がその問題と深いかかわりがあったという。ところが本の内容がふくれあがり、一冊にまとめるのが難しくなり、その部分を削除したため、円周等分方程式の部分が他の部分に比して浮いてしまった、というのが真相らしい。

　『ガウス整数論』の第7章は少々難解だ。その前半は、円周等分方程式のガロア群の性質を語っているのだが、もちろん群や体という言葉を使うことなく、その前の部分と同じように数論的に述べている。

　ここでは、ガロアの理論にもとづいて、円周等分方程式を分析していくことにする。

　1のn乗根は、nが素数の場合だけ調べればよい。たとえば$n=pq$と分解される場合は（p、qは素数）、

$$1^n = 1^{pq} = (1^p)^q$$

となるので、まず1のp乗根を求め、それのq乗根を求めればよい。第1章でやったように、1のq乗根がわかっていれば、

$$x^q = A$$

という方程式は解けるからである。

第 3 章 円の分割を定める方程式

また1のp乗根のうち、

$$\alpha = \cos\frac{2\pi}{p} + i\sin\frac{2\pi}{p}$$

がわかれば、あとはこのαをもとにして求めることができる。つまりαは原始n乗根のひとつなのである。

他の根は次のとおり。

$$\alpha^2 = \cos\frac{4\pi}{p} + i\sin\frac{4\pi}{p}$$

$$\alpha^3 = \cos\frac{6\pi}{p} + i\sin\frac{6\pi}{p}$$

$$\vdots$$

$$\alpha^{p-1} = \cos\frac{2(p-1)\pi}{p} + i\sin\frac{2(p-1)\pi}{p}$$

3-1　1の5乗根

では、1のp乗根（pは素数）を具体的に求めていこう。

○$p=2$の場合。
　円周等分方程式は
　　$x+1=0$
　　$x=-1$
　これでおしまい。付け加えることは何もない。

○$p=3$の場合。
　円周等分方程式は

$$x^2+x+1=0$$

2次方程式なので公式を使って解く。

$$x=\frac{-1\pm\sqrt{3}i}{2}$$

普通ωという記号であらわされている。

○$p=5$の場合。

円周等分方程式は
$$x^4+x^3+x^2+x+1=0$$

4次方程式だからちょっと大変そうだが、実は2次方程式を2度解けば解決する。まず$x\neq 0$なので全体をx^2で割る。

$$x^2+x+1+\frac{1}{x}+\frac{1}{x^2}=0$$

すこし変形して

$$\left(x+\frac{1}{x}\right)^2+\left(x+\frac{1}{x}\right)-1=0$$

ここで$x+\frac{1}{x}=X$とおくと、Xの2次方程式になる。
$$X^2+X-1=0$$
$$X=\frac{-1\pm\sqrt{5}}{2}$$

あとはこれからxを求めればよい。

こうやれば解くことができるが、円周等分方程式をいつでもこの方法で解けるわけではない。この方法では円周等分方程式の次数を半分にすることはできるが、次数が多くなればこの方法で対処することはできなくなる。

ここでもガロア群を使って分析してみよう。

第 3 章 円の分割を定める方程式

$$\alpha = \cos\frac{2\pi}{5} + i\sin\frac{2\pi}{5}$$

とおくと、円周等分方程式の根は

α、α^2、α^3、α^4

とあらわされる。だから基礎体を有理数体$\mathbb{Q}$、ガロア拡大体をEとすると、

$E = \mathbb{Q}(\alpha、\alpha^2、\alpha^3、\alpha^4)$

また

$(\alpha^2)^3 = \alpha^6 = \alpha$
$(\alpha^3)^2 = \alpha^6 = \alpha$
$(\alpha^4)^4 = \alpha^{16} = \alpha$

なので、明らかに

$\mathbb{Q}(\alpha、\alpha^2、\alpha^3、\alpha^4) = \mathbb{Q}(\alpha) = \mathbb{Q}(\alpha^2) = \mathbb{Q}(\alpha^3) = \mathbb{Q}(\alpha^4)$

したがって、αをα^2やα^3などに置換する写像がガロア群の元となる。言うまでもないが、α、α^2、α^3、α^4は共役である。

ここで、第1章でやったように、次の置換を考えよう。αを次々とかける置換だ。

$\sigma : x \to \alpha x$

置換の様子がわかるように書いてみよう。

$$\sigma = \begin{pmatrix} \alpha & \alpha^2 & \alpha^3 & \alpha^4 \\ \alpha^2 & \alpha^3 & \alpha^4 & \alpha^5 \end{pmatrix}$$

よく見るとちょっとおかしい。$\alpha^5 = 1$ではないか。するとσはこうなる。

$$\sigma = \begin{pmatrix} \alpha & \alpha^2 & \alpha^3 & \alpha^4 \\ \alpha^2 & \alpha^3 & \alpha^4 & 1 \end{pmatrix}$$

α^4を1に置換させてしまうのなら、これは自己同型写像にはならない。σはガロア群の元ではないのだ。

　困った。

　しかしちょっと視点を変えれば、突破口は見いだせる。αを次々とかける置換ではなく、2乗してしまう置換を考えてみよう。

$$\tau : x \to x^2$$

だ。同じように置換の様子がわかるように書いてみる。

$$\tau = \begin{pmatrix} \alpha & \alpha^2 & \alpha^3 & \alpha^4 \\ \alpha^2 & \alpha^4 & \alpha^6 & \alpha^8 \end{pmatrix}$$

$\alpha^5 = 1$なので、整理すると、

$$\tau = \begin{pmatrix} \alpha & \alpha^2 & \alpha^3 & \alpha^4 \\ \alpha^2 & \alpha^4 & \alpha & \alpha^3 \end{pmatrix}$$

τ^2は、$\alpha \to \alpha^2 \to \alpha^4$、$\alpha^2 \to \alpha^4 \to \alpha^3$、$\alpha^3 \to \alpha \to \alpha^2$、$\alpha^4 \to \alpha^3 \to \alpha$となるので、

$$\tau^2 = \begin{pmatrix} \alpha & \alpha^2 & \alpha^3 & \alpha^4 \\ \alpha^4 & \alpha^3 & \alpha^2 & \alpha \end{pmatrix}$$

同様にして

$$\tau^3 = \begin{pmatrix} \alpha & \alpha^2 & \alpha^3 & \alpha^4 \\ \alpha^3 & \alpha & \alpha^4 & \alpha^2 \end{pmatrix}$$

$$\tau^4 = \begin{pmatrix} \alpha & \alpha^2 & \alpha^3 & \alpha^4 \\ \alpha & \alpha^2 & \alpha^3 & \alpha^4 \end{pmatrix} = \varepsilon \quad (単位置換)$$

これでめでたく、円周等分方程式のガロア群

$$\{\varepsilon、\tau、\tau^2、\tau^3\}$$

が求まった。この演算表を書いてみよう。

第 3 章　円の分割を定める方程式

・	ε	τ	τ^2	τ^3
ε	ε	τ	τ^2	τ^3
τ	τ	τ^2	τ^3	ε
τ^2	τ^2	τ^3	ε	τ
τ^3	τ^3	ε	τ	τ^2

図3-1　$\{\varepsilon、\tau、\tau^2、\tau^3\}$ の演算表

　ここでちょっと寄り道して、mod 5の世界を訪問してみることにしよう。第1章では、mod 5の世界の住人たち、$\mathbb{Z}/5\mathbb{Z}$が加法群になることを示した。また$\mathbb{Z}/5\mathbb{Z}$はかけ算では群にならないことも述べた。0の逆元が存在しないからだ。そこで$\mathbb{Z}/5\mathbb{Z}$から0を除いた集合を考え、これを
　　$\mathbb{Z}/5\mathbb{Z}^*$
とあらわすことにしよう。つまりこういうことだ。
　　$\mathbb{Z}/5\mathbb{Z}^* = \{1、2、3、4\}$
これはかけ算について群をなしているので、$\mathbb{Z}/5\mathbb{Z}^*$の乗法群と呼んでいる。たとえば、
　　$3 \times 2 \equiv 6 \equiv 1$
といった具合だ。演算表はこうなる。

111

×	1	2	3	4
1	1	2	3	4
2	2	4	$6 \equiv 1$	$8 \equiv 3$
3	3	$6 \equiv 1$	$9 \equiv 4$	$12 \equiv 2$
4	4	$8 \equiv 3$	$12 \equiv 2$	$16 \equiv 1$

図3-2 $\mathbb{Z}/5\mathbb{Z}^*$の乗法群の演算表

　一見して、τの演算表とは違うように見える。ここでちょっと手を加える。表の順番を1、2、3、4ではなく、1、2、4、3と変えてみるのだ。

×	1	2	4	3
1	1	2	4	3
2	2	4	3	1
4	4	3	1	2
3	3	1	2	4

図3-3 図3-2の変形版

第 3 章　円の分割を定める方程式

　この表を横に見ていくと、1のところは（1、2、4、3）、2のところは（2、4、3、1）と順番が変わらず、ぐるぐる回っている。4のところも（4、3、1、2）、3のところも（3、1、2、4）と同じだ。

　縦に見ていっても事情は変わらない。

　τの演算表も同じように見ていくと、（ε、τ、τ^2、τ^3）の順番が変わることなくぐるぐる回っていることがわかる。

　この$\mathbf{Z}/5\mathbf{Z}^*$の乗法群の演算表と、円周等分方程式のガロア群の演算表が一致するのだ。つまり群として同型なのである。

　同型写像は次のようになる。

　　　$\varepsilon \Leftrightarrow 1$
　　　$\tau \Leftrightarrow 2$
　　　$\tau^2 \Leftrightarrow 4$
　　　$\tau^3 \Leftrightarrow 3$

　ひとつだけ、τ^2とτ^3の場合について、同型であることを確かめてみよう。

○演算⇒写像

　　　$\tau^2 \cdot \tau^3 = \tau^5 = \tau \Rightarrow 2$

○写像⇒演算

　　　$\tau^2 \Rightarrow 4$、　$\tau^3 \Rightarrow 3 \to 4 \times 3 = 12 \equiv 2$

　演算⇒写像の結果と、写像⇒演算の結果が一致する。

　$\tau^2 \cdot \tau^3 = \tau^{2+3}$というように、この演算で指数は足し算になる。ところが$\mathbf{Z}/5\mathbf{Z}^*$の乗法群はかけ算である。足し算と

かけ算がどうして同型になるのだろうか。

その秘密は2にある。2を次々に累乗していってみる。

$2^1 \equiv 2$

$2^2 \equiv 4$

$2^3 \equiv 8 \equiv 3$

$2^4 \equiv 16 \equiv 1$

$2^5 \equiv 32 \equiv 2$

$\vdots$

あとはこの繰り返し。2を次々に累乗していくと、$\mathbf{Z}/5\mathbf{Z}^*$のすべての元が出てくる。このような元を「原始根」という。先の演算表の並び方は、実はこの順番なのだ。つまり1、2、4、3という並びは、それぞれ2^0、2^1、2^2、2^3をあらわしている。演算表はかけ算だが、たとえば$2^1 \times 2^3 = 2^{1+3}$というように指数の足し算になる。τの演算も指数の足し算だった。だから同型になるのは不思議でも何でもないのだ。

原始根によってガロア群を表現する、というのがガウス成功の秘密でもあった。原始根を活用することによって、ガウスは円周等分方程式のガロア群の性質を完全に解明することができたのである。

同型であることがわかったので、円周等分方程式のガロア群のかわりに、$\mathbf{Z}/5\mathbf{Z}^*$の乗法群を分析していくことにしよう。τがどうのこうのとやるより、1、2、3、4を相手にする方がずっと見やすいからだ。

2を次々に累乗していくとどうなるのかは調べたので、他の元についても見ていこう。1は何度累乗しても1なので調べる必要はない。

$3^1 \equiv 3$

$3^2 \equiv 9 \equiv 4$

$3^3 \equiv 27 \equiv 2$

$3^4 \equiv 81 \equiv 1$

$3^5 \equiv 243 \equiv 3$

$\vdots$

あとはこの繰り返し。3も原始根だ。

$4^1 \equiv 4$

$4^2 \equiv 16 \equiv 1$

$4^3 \equiv 64 \equiv 4$

$\vdots$

4を累乗していっても、4と1しか出てこない。4は原始根ではない。この4と1をひとつの集合と考える。

$\{1、4\}$

この元同士をかけても、この集合から飛び出すことはない。1が単位元となっており、また4自身が4の逆元になっている。つまりこれが小さな群となっているのだ。

このように、群の中の一部がまた群となっているものを、「部分群」と呼んでいる。単位元だけの集合も部分群であり、またもとの群そのものも部分群と考えられるが、これらの部分群はどのような群にも存在するので、「自明な部分群」と呼んでいる。

$\mathbf{Z}/5\mathbf{Z}^*$の中の $\{1、4\}$ は自明な部分群ではなく、「真の部分群」だ。

真の部分群に、その部分群に含まれていない元をかけると、その部分群と元の個数が同じひとつの集合があらわれる。たとえば $\{1、4\}$ に2をかけてみよう。

$1 \times 2 \equiv 2$

$4 \times 2 \equiv 8 \equiv 3$

集合 {2、3} の元の個数は、部分群 {1、4} と同じだ。このようにして作った集合を「剰余類」という。剰余類はもちろん群ではない。

もっと一般的に話を進めよう。

有限群Gの中に真の部分群$H = \{\varepsilon、\alpha_1、\alpha_2、\cdots、\alpha_n\}$があったとする。$G$の元で$H$に含まれていない元$\beta$を選び、$H$の元にかけていく。

$\beta H = \{\beta、\beta\alpha_1、\beta\alpha_2、\cdots、\beta\alpha_n\}$

これがひとつの剰余類だ。

Gの元が残っていなければこれで終わり。残っていればそれをγとして同じことをやる。

$\gamma H = \{\gamma、\gamma\alpha_1、\gamma\alpha_2、\cdots、\gamma\alpha_n\}$

Gの元が残っていなければこれで終わり。残っていればまた同じことを繰り返す。Gは有限群なのでいつかはこの作業は終了する。最後に作った剰余類をδHとしよう。

つまりGは次のように類別されるのである。

$H = \{\varepsilon、\alpha_1、\alpha_2、\cdots、\alpha_n\}$
$\varepsilon H = H = \{\varepsilon、\alpha_1、\alpha_2、\cdots、\alpha_n\}$
$\beta H = \{\beta、\beta\alpha_1、\beta\alpha_2、\cdots、\beta\alpha_n\}$
$\gamma H = \{\gamma、\gamma\alpha_1、\gamma\alpha_2、\cdots、\gamma\alpha_n\}$
$\vdots$
$\delta H = \{\delta、\delta\alpha_1、\delta\alpha_2、\cdots、\delta\alpha_n\}$

これらの元の中に同一のものは存在しない。

第 3 章　円の分割を定める方程式

証明

・同じ剰余類に含まれるふたつの元が等しいと仮定する。等しい元を $\beta \alpha_i$ と $\beta \alpha_j$ であると仮定しても一般性は失われない。

$\beta \alpha_i = \beta \alpha_j$　　　　　　両辺に左から β^{-1} をかける。
$\beta^{-1} \beta \alpha_i = \beta^{-1} \beta \alpha_j$
$\alpha_i = \alpha_j$

これは矛盾である。

・異なる剰余類に含まれるふたつの元が等しいと仮定する。等しい元を $\beta \alpha_i$ と $\gamma \alpha_j$ であると仮定しても一般性は失われない。

$\beta \alpha_i = \gamma \alpha_j$　　　　　　両辺に右から α_j^{-1} をかける。
$\beta \alpha_i \alpha_j^{-1} = \gamma \alpha_j \alpha_j^{-1}$
$\beta \alpha_i \alpha_j^{-1} = \gamma$

γ が剰余類 βH の元ということになり、これは矛盾（証明終わり）。

例として、$\mathbf{Z}/29\mathbf{Z}^*$ の剰余類を作ってみよう。まず 7 を生成元とする部分群を考える。

$7^1 \equiv 7$
$7^2 \equiv 49 \equiv 20$
$7^3 \equiv 20 \times 7 \equiv 140 \equiv 24$
$7^4 \equiv 24 \times 7 \equiv 168 \equiv 23$
$7^5 \equiv 23 \times 7 \equiv 161 \equiv 16$
$7^6 \equiv 16 \times 7 \equiv 112 \equiv 25$
$7^7 \equiv 25 \times 7 \equiv 175 \equiv 1$

したがって、7 を生成元とする部分群は次のようになる。

{1、7、16、20、23、24、25}

これ以外の元として、まず2をかけてみよう。

{1×2、7×2、16×2、20×2、23×2、24×2、25×2}
= {2、14、32、40、46、48、50}
= {2、14、3、11、17、19、21}

次は4をかけよう。

{1×4、7×4、16×4、20×4、23×4、24×4、25×4}
= {4、28、64、80、92、96、100}
= {4、28、6、22、5、9、13}

これまで出てきていない要素として、次は8にしよう。

{1×8、7×8、16×8、20×8、23×8、24×8、25×8}
= {8、56、128、160、184、192、200}
= {8、27、12、15、10、18、26}

これですべての要素が出てきた。重複はひとつもない。

有限群Gに部分群Hが存在すれば、Gは部分群Hによって剰余類αH、…に類別される。HとαHの元の個数は等しい。つまりHの位数はGの位数の約数ということになる。定理としてまとめると次のようになる。

●ラグランジュの定理：部分群の位数は全体の群の位数の約数である。

ラグランジュの定理と呼ばれている定理は他にもいろいろある。

前にも述べたとおり、この定理からただちに、位数が素数である群は巡回群であり、さらに単位元以外はすべて生成元

である、ということが言える。

話を $\mathbf{Z}/5\mathbf{Z}^*$ に戻そう。

群 $\{1、2、3、4\}$ は、真の部分群 $\{1、4\}$ によって、$[\{1、4\}、\{2、3\}]$ に類別される。この $\{1、4\}$ と $\{2、3\}$ に注目しよう。

集合同士のかけ算を、すべての元とすべての元をかけあわせたもの、と定義する。つまり、

$$\begin{aligned}\{1、4\} \times \{2、3\} &= \{1\times2、1\times3、4\times2、4\times3\} \\ &= \{2、3、8\equiv3、12\equiv2\} \\ &= \{2、3\}\end{aligned}$$

同様にして、

$\{1、4\} \times \{1、4\} = \{1、4\}$
$\{2、3\} \times \{1、4\} = \{2、3\}$
$\{2、3\} \times \{2、3\} = \{1、4\}$

この結果がちょうど群になっていることに気付くだろう。単位元は $\{1、4\}$ であり、$\{2、3\}$ が $\{2、3\}$ 自身の逆元になっている。

演算表を書いてみよう。

×	{1、4}	{2、3}
{1、4}	{1、4}	{2、3}
{2、3}	{2、3}	{1、4}

図3-4 [{1、4}、{2、3}] の演算表

　この群を、部分群 {1、4} による「剰余類群」と呼んでいる。

第 3 章　円の分割を定める方程式

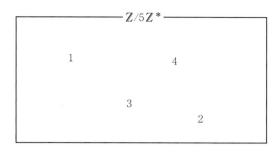

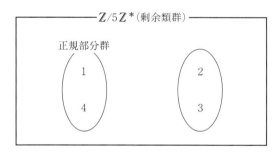

図3-5　$\mathbb{Z}/5\mathbb{Z}^*$

　この剰余類群に注目しよう。剰余類群の位数は2、素数である。だからこの剰余類群がガロア群であるような方程式は、$X^2 = A$という補助方程式によって解けるはずだ。

　ではこの剰余類をガロア群とするような方程式はどのようなものだろうか。

　円周等分方程式の基礎体は、係数体である有理数体$\mathbb{Q}$だ。

　ガロア拡大体$\mathbb{Q}(\alpha) = \mathbb{Q}(\beta) = \cdots$に対して、その自己同型写像、つまりたとえば写像$\alpha \to \beta$がガロア群の元だった。

この場合、ガロア群の元は、単位元が {1、4} で、それ以外の元は {2、3} だけだ。つまり {1、4} では変化せず、{2、3} で変化するような式を考えればよい。

　　$\varepsilon \Leftrightarrow 1$
　　$\tau \Leftrightarrow 2$
　　$\tau^2 \Leftrightarrow 4$
　　$\tau^3 \Leftrightarrow 3$

だったから、{1、4} は置換で表現すると次のようになる。

　　$1 \Leftrightarrow \varepsilon$
　　$4 \Leftrightarrow \tau^2 = \begin{pmatrix} \alpha & \alpha^2 & \alpha^3 & \alpha^4 \\ \alpha^4 & \alpha^3 & \alpha^2 & \alpha \end{pmatrix}$

したがってこれらの置換で変化しない式は、α と α^4 の対称式、α^2 と α^3 の対称式ということになる。

　α と α^4 の対称式としてもっとも簡単な $\alpha + \alpha^4$ を選ぼう。これを s とする。

　　$s = \alpha + \alpha^4$

s は {1、4} の置換では変化しない。{2、3} の置換では次のように変化する。

　　$2 \Leftrightarrow \tau : s \to \alpha^2 + \alpha^8 = \alpha^2 + \alpha^3$
　　$3 \Leftrightarrow \tau^3 : s \to \alpha^3 + \alpha^{12} = \alpha^3 + \alpha^2$

そこで $\alpha^2 + \alpha^3$ を t としよう。

　　$(x - s)(x - t)$
　　$= (x - \alpha - \alpha^4)(x - \alpha^2 - \alpha^3)$
　　$= x^2 - (\alpha^4 + \alpha^3 + \alpha^2 + \alpha)x + \alpha^7 + \alpha^6 + \alpha^4 + \alpha^3$
　　$= x^2 - (\alpha^4 + \alpha^3 + \alpha^2 + \alpha)x + \alpha^4 + \alpha^3 + \alpha^2 + \alpha$
　　$= x^2 + x - 1$　　　　　　($\because \alpha^4 + \alpha^3 + \alpha^2 + \alpha + 1 = 0$)

となるので、s と t は共役である。

第 3 章　円の分割を定める方程式

s は $\{1、4\}$ で変化せず、$\{2、3\}$ では t に変化する。ガロア拡大体は

$$\mathbb{Q}(\alpha + \alpha^4) = \mathbb{Q}(\alpha^2 + \alpha^3)$$

であり、ガロア群が

$$[\{1、4\}、\{2、3\}]$$

となっているのだ。群の位数は 2 で素数、ラグランジュの分解式を作るとその 2 乗はこの群で変わらない。つまり基礎体に含まれる。

ラグランジュの分解式は次のようになる。

$$s - t$$

これを 2 乗してみよう。

$$\begin{aligned}(s-t)^2 &= (\alpha + \alpha^4 - \alpha^2 - \alpha^3)^2 \\ &= -\alpha^4 - \alpha^3 - \alpha^2 - \alpha + 4 \\ &= 5\end{aligned}$$

これから $s-t$ を求め、$s+t$ の値から s と t を求めればいいのだが、元がふたつの場合はラグランジュの分解式を使うより、以下のように 2 次方程式を解いた方が早い。そのため、これ以後群の元がふたつの場合は、2 次方程式を使うことにしよう。

まず s と t を根とする 2 次方程式を求める。

$$s+t = (\alpha + \alpha^4) + (\alpha^2 + \alpha^3) = -1$$
$$st = (\alpha + \alpha^4)(\alpha^2 + \alpha^3) = \alpha^3 + \alpha^4 + \alpha^6 + \alpha^7$$
$$= \alpha + \alpha^2 + \alpha^3 + \alpha^4 = -1$$

したがって s と t は次の 2 次方程式の根となる。

$$x^2 + x - 1 = 0$$

この式は、先に求めた最小多項式と同じものだ。公式で解く。

$$x = \frac{-1 \pm \sqrt{5}}{2}$$

1の5乗根のグラフは次のようになる。

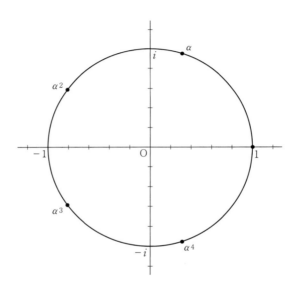

図3-6 1の5乗根のグラフ

図から明らかに
$$\alpha + \alpha^4 > \alpha^2 + \alpha^3$$
したがって、
$$\alpha + \alpha^4 = \frac{-1+\sqrt{5}}{2}$$

$$\alpha^2 + \alpha^3 = \frac{-1-\sqrt{5}}{2}$$

第 3 章　円の分割を定める方程式

図を見れば、

$$\alpha + \alpha^4 = 2\cos\frac{2\pi}{5}$$

ということがわかるので、

$$\cos\frac{2\pi}{5} = \frac{-1+\sqrt{5}}{4}$$

がわかり、あとは

$$\cos^2\theta + \sin^2\theta = 1$$

によって$\sin\dfrac{2\pi}{5}$を求めればαの値が求まるのだが、せっかくここまで求めたのだから、ガロア群によって最後まで求めてみよう。

今度は基礎体$\mathbf{Q}$にいま求めた$\alpha + \alpha^4$の値を添加した体をあらためて基礎体にする。

$$\text{新しい基礎体} = \mathbf{Q}\left(\frac{-1+\sqrt{5}}{2}\right)$$

求めようとする値はαとα^4だが、これは$4 \Leftrightarrow \sigma^2$で相互に入れ替わるだけなので、その対称式は $\{1、4\}$ で変化しない。つまりこの対称式は新しい基礎体に含まれる。実際、

$$\alpha + \alpha^4 = \frac{-1+\sqrt{5}}{2}$$

$$\alpha \cdot \alpha^4 = \alpha^5 = 1$$

したがって、αとα^4は次の2次方程式の根となる。

$$x^2 - \frac{-1+\sqrt{5}}{2}x + 1 = 0$$

これを解く。

$$x = \frac{\frac{-1+\sqrt{5}}{2} \pm \sqrt{\left(\frac{-1+\sqrt{5}}{2}\right)^2 - 4}}{2}$$

$$= \frac{-1+\sqrt{5}}{4} \pm \frac{\sqrt{10+2\sqrt{5}}}{4}i$$

αの虚部の符号は正、α^4の虚部の符号は負なので、

$$\alpha = \frac{-1+\sqrt{5}}{4} + \frac{\sqrt{10+2\sqrt{5}}}{4}i$$

$$\alpha^4 = \frac{-1+\sqrt{5}}{4} - \frac{\sqrt{10+2\sqrt{5}}}{4}i$$

ついでにα^2、α^3を求めるとこうなる。

$$\alpha^2 = \frac{-1-\sqrt{5}}{4} + \frac{\sqrt{10-2\sqrt{5}}}{4}i$$

$$\alpha^3 = \frac{-1-\sqrt{5}}{4} - \frac{\sqrt{10-2\sqrt{5}}}{4}i$$

整理しよう。

まず第1章、第2章で、

・$X^p = A$（pは素数）という方程式のガロア群の位数は素数pになる。

・ガロア群の位数が素数pなら、その方程式は$X^p = A$という方程式に帰着できる。とくにラグランジュの分解式のp乗を求めることができる。

ということを確認した。

円周等分方程式

第 3 章 円の分割を定める方程式

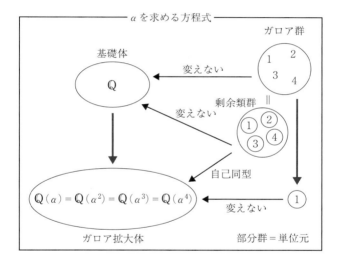

図3-7

$$x^4 + x^3 + x^2 + x + 1 = 0$$

に対して、

$$\alpha = \cos\frac{2\pi}{5} + i\sin\frac{2\pi}{5}$$

とすると、その根は $\{\alpha、\alpha^2、\alpha^3、\alpha^4\}$ である。係数体は有理数体 $\mathbf{Q}$、ガロア拡大体は

$$\mathbf{Q}(\alpha) = \mathbf{Q}(\alpha^2) = \mathbf{Q}(\alpha^3) = \mathbf{Q}(\alpha^4)$$

またガロア群は $\mathbf{Z}/5\mathbf{Z}^*$ の乗法群 $\{1、2、3、4\}$ に同型だ。自明な部分群 $\{1\}$ による剰余類群は $\{1、2、3、4\}$ となる。

ガロア群 $\{1、2、3、4\}$ は基礎体を変えない。部分群 = 単位元は当然のことながらガロア拡大体を変えない。

剰余類群 $[\{1\}、\{2\}、\{3\}、\{4\}]$ は、基礎体を変えないが、ガロア拡大体に対しては自己同型をうながす。とくに α を共役に置換する。

剰余類群の位数は4で合成数なので、このままでは $X^n = A$ という方程式に還元できない。

ガロア群 $\{1、2、3、4\}$ には、$\{1、4\}$ という部分群があり、この部分群によって剰余類を作ると、$[\{1、4\}、\{2、3\}]$ が剰余類群となる。

この部分群 $\{1、4\}$ によって不変な式

$$\alpha + \alpha^4$$

を最初に解く方程式の根とする。

剰余類群は基礎体 $\mathbf{Q}$ を動かさず、拡大体 $\mathbf{Q}(\alpha + \alpha^4) = \mathbf{Q}(\alpha^2 + \alpha^3)$ の自己同型をうながす。$(\alpha + \alpha^4)$ と $(\alpha^2 + \alpha^3)$ は共役である。また剰余類群の位数は2で素数である。したがって $\alpha + \alpha^4$ は $X^2 = A$ という方程式を解くことによって求められる。とくに $(\alpha + \alpha^4)$、$(\alpha^2 + \alpha^3)$ のラグランジュの分

第 3 章　円の分割を定める方程式

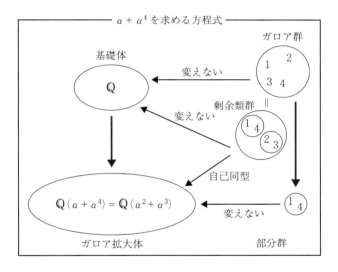

図3-8

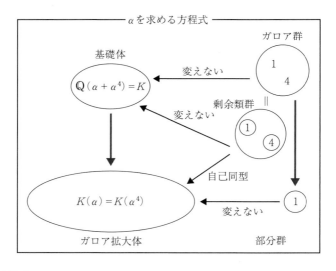

図3-9

第 3 章 円の分割を定める方程式

解式の2乗は剰余類群で不変となり、求めることができる。

次に、いま求めた $\alpha + \alpha^4$ を基礎体に添加した拡大体をあらためて基礎体Kとしよう。

$$K = \mathbf{Q}(\alpha + \alpha^4)$$

すると群は縮小し、{1、4} となる。単位元 {1} による剰余類群は {1、4} だ。

この剰余類群は基礎体を変えない。そしてガロア拡大体 $K(\alpha) = K(\alpha^4)$ に自己同型をうながす。とくに α を共役である α^4 に置換する。剰余類群の位数は2で素数だから、$X^2 = A$ という形の方程式を解くことにより、α を求めることができる。

> **部分群**：群の一部の元による群。
> **自明な部分群**：単位元のみの群と、もともとの群。
> **真の部分群**：自明でない部分群。
> **剰余類**：部分群に、その部分群に含まれていない元をかけて作った集合。
> **剰余類群**：部分群とその剰余類による群。

3-2　1の7乗根

1の7乗根を求めよう。
円周等分方程式はこうなる。

$$x^6 + x^5 + x^4 + x^3 + x^2 + x + 1 = 0$$

グラフも描いておこう。

$$\alpha = \cos\frac{2\pi}{7} + i\sin\frac{2\pi}{7}$$

とする。

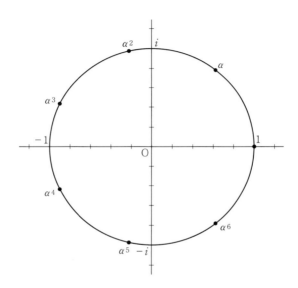

図3-10 １の７乗根のグラフ

この円周等分方程式のガロア群は、$\mathbf{Z}/7\mathbf{Z}^*$の乗法群と同型になる。まずは$\mathbf{Z}/7\mathbf{Z}^*$の２による生成群を調べてみよう。

  2　　4　　8≡1

２は原始根ではなかった。３について調べよう。

  3　　9≡2　　6　　18≡4　　12≡5　　15≡1

３が原始根であり、巡回群であることが確かめられた。

まずは２による生成群 {1、2、4} の剰余類を求めよう。これに含まれない３をかけると、

  3×{1、2、4} = {3、6、12≡5} = {3、5、6}

第3章 円の分割を定める方程式

したがって剰余類群は［{1、2、4}、{3、5、6}］。
{1、2、4} に真の部分群は存在しない。

最初の剰余類群は［{1、2、4}、{3、5、6}］で 2 次、次の剰余類群は［{1}、{2}、{4}］で 3 次なので、$X^2 = A$、$X^3 = B$ という形の方程式を解けばよい。

$\mathbb{Z}/7\mathbb{Z}^*$ にはもうひとつ別の分解がある。
6 による生成群は、

$$6 \quad 36 \equiv 1$$

となるので、{1、6} が部分群になる。剰余類を求めると、

$$2 \times \{1、6\} = \{2、12 \equiv 5\} = \{2、5\}$$
$$3 \times \{1、6\} = \{3、18 \equiv 4\} = \{3、4\}$$

したがって剰余類は［{1、6}、{2、5}、{3、4}］だ。
{1、6} の真の部分群は存在しない。

この場合、最初の剰余類群は［{1、6}、{2、5}、{3、4}］で 3 次、次の剰余類群は［{1、6}］で 2 次、したがって $X^3 = A$、$X^2 = B$ という方程式を解くことになる。

では、まずは {1、2、3、4、5、6} → {1、2、4} → {1} という分解によって解いていこう。

最初に、{1、2、4} の置換では変わらず、{3、5、6} の置換では共役に変わるような式を見つける必要がある。

$$\alpha + \alpha^2 + \alpha^4$$

がこの条件を満足している。確かめてみよう。
n による置換は

$$x \to x^n$$

つまり元を n 乗したものに置換することだった。

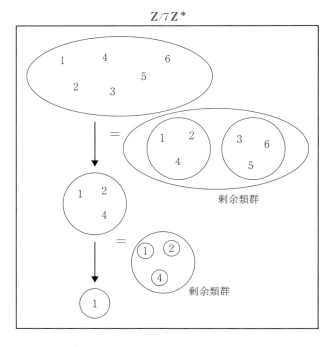

図3-11 $Z/7Z^*$

第 3 章 円の分割を定める方程式

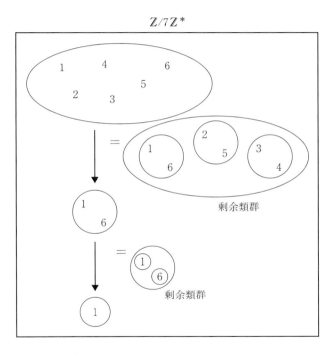

図3-12 $\mathbb{Z}/7\mathbb{Z}^*$

1による置換：単位置換だから確かめるまでもない。

2による置換：$\alpha + \alpha^2 + \alpha^4 \to \alpha^2 + \alpha^4 + \alpha^8$
$\qquad\qquad\qquad = \alpha^2 + \alpha^4 + \alpha$

4による置換：$\alpha + \alpha^2 + \alpha^4 \to \alpha^4 + \alpha^8 + \alpha^{16}$
$\qquad\qquad\qquad = \alpha^4 + \alpha + \alpha^2$

{1、2、4} では変化しない。{3、5、6} の場合も見ておこう。

3による置換：$\alpha + \alpha^2 + \alpha^4 \to \alpha^3 + \alpha^6 + \alpha^{12}$
$\qquad\qquad\qquad = \alpha^3 + \alpha^6 + \alpha^5$

5による置換：$\alpha + \alpha^2 + \alpha^4 \to \alpha^5 + \alpha^{10} + \alpha^{20}$
$\qquad\qquad\qquad = \alpha^5 + \alpha^3 + \alpha^6$

6による置換：$\alpha + \alpha^2 + \alpha^4 \to \alpha^6 + \alpha^{12} + \alpha^{24}$
$\qquad\qquad\qquad = \alpha^6 + \alpha^5 + \alpha^3$

すべて $\alpha^3 + \alpha^5 + \alpha^6$ に変化している。

原則にしたがえば、$\alpha + \alpha^2 + \alpha^4$ と $\alpha^3 + \alpha^5 + \alpha^6$ のラグランジュの分解式の2乗を求めるのだが、ふたつなので2次方程式を解いた方が楽だ。

$f_1 = \alpha + \alpha^2 + \alpha^4$
$f_2 = \alpha^3 + \alpha^5 + \alpha^6$

とすると

$f_1 + f_2 = \alpha + \alpha^2 + \alpha^3 + \alpha^4 + \alpha^5 + \alpha^6 = -1$

$f_1 \cdot f_2 = (\alpha + \alpha^2 + \alpha^4)(\alpha^3 + \alpha^5 + \alpha^6)$
$\qquad = \alpha^{10} + \alpha^9 + \alpha^8 + 3\alpha^7 + \alpha^6 + \alpha^5 + \alpha^4$
$\qquad = 3\alpha^7 + \alpha + \alpha^2 + \alpha^3 + \alpha^4 + \alpha^5 + \alpha^6$
$\qquad = 3 - 1$
$\qquad = 2$

したがって、f_1、f_2 は

第 3 章 円の分割を定める方程式

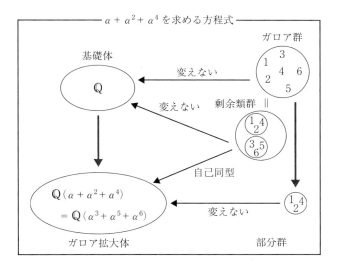

図3-13

$$t^2 + t + 2 = 0$$

の2根。図の f_1 の項には○、f_2 の項には×をつけた。この図から、f_1 の虚部が正、f_2 の虚部が負とわかるので、

$$f_1 = \frac{-1 + \sqrt{7}i}{2}$$

$$f_2 = \frac{-1 - \sqrt{7}i}{2}$$

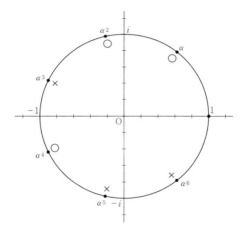

図3-14

次は基礎体 $\mathbf{Q}$ に f_1 を添加する。すると群は $\{1、2、4\}$ に縮小する。3次のラグランジュの分解式が出てくるので、基礎体に ω(1の原始3乗根)が含まれていると考える。

α、α^2、α^4 を求めよう。

$\{1、2、4\}$ が元をどのように置換していくか確認しておく。

1：単位元

第 3 章 円の分割を定める方程式

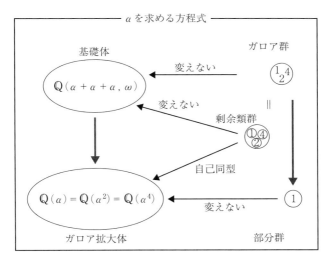

図3-15

$$2:\begin{pmatrix} \alpha & \alpha^2 & \alpha^4 \\ \alpha^2 & \alpha^4 & \alpha \end{pmatrix} = (\alpha \quad \alpha^2 \quad \alpha^4)$$

$$4:\begin{pmatrix} \alpha & \alpha^2 & \alpha^4 \\ \alpha^4 & \alpha & \alpha^2 \end{pmatrix} = (\alpha \quad \alpha^4 \quad \alpha^2)$$

この順番でラグランジュの分解式を作ってみよう。

$$T_1 = \alpha + \omega\alpha^2 + \omega^2\alpha^4$$
$$T_2 = \alpha + \omega\alpha^4 + \omega^2\alpha^2$$

$\alpha^7 = 1$、$\omega^3 = 1$に注意して、それぞれ3乗して整理する。

$$\begin{aligned} T_1^3 &= 3(\alpha^6 + \alpha^5 + \alpha^3)\omega^2 + 3(\alpha^4 + \alpha^2 + \alpha)\omega + \alpha^6 \\ &\quad + \alpha^5 + \alpha^3 + 6 \\ &= 3f_2\omega^2 + 3f_1\omega + f_2 + 6 \quad \cdots\cdots(*) \end{aligned}$$

$$f_1 = \frac{-1 + \sqrt{7}i}{2}$$

$$f_2 = \frac{-1 - \sqrt{7}i}{2}$$

$$\omega = \frac{-1 + \sqrt{3}i}{2}$$

$$\omega^2 = \frac{-1 - \sqrt{3}i}{2}$$

を代入して

$$(*) = \frac{14 - 3\sqrt{21}}{2} - \frac{\sqrt{7}}{2}i$$

$$\begin{aligned} T_2^3 &= 3(\alpha^4 + \alpha^2 + \alpha)\omega^2 + 3(\alpha^6 + \alpha^5 + \alpha^3)\omega + \\ &\quad \alpha^6 + \alpha^5 + \alpha^3 + 6 \\ &= 3f_1\omega^2 + 3f_2\omega + f_2 + 6 \end{aligned}$$

$$= \frac{14+3\sqrt{21}}{2} - \frac{\sqrt{7}}{2}i$$

これの3乗根を求めれば、T_1、T_2が出てくる。さらに

$$\begin{aligned}f_1 + T_1 + T_2 &= (\alpha + \alpha^2 + \alpha^4) + (\alpha + \omega\alpha^2 + \omega^2\alpha^4) \\ &\quad + (\alpha + \omega\alpha^4 + \omega^2\alpha^2) \\ &= 3\alpha + (1+\omega+\omega^2)\alpha^2 + (1+\omega+\omega^2)\alpha^4 \\ &= 3\alpha\end{aligned}$$

なので、

$$\alpha = \frac{f_1 + T_1 + T_2}{3}$$

から α が出てくる。

しかし T_1^3 の3乗根 $\sqrt[3]{T_1^3}$ は、T_1 だけでなく、$T_1\omega$、$T_1\omega^2$ もあらわしている。式の上ではまったく平等なので、区別がつかない。また $\sqrt[3]{T_1^3}$ を実部と虚部に分けることができないので、話を先に進めることができない。

小数で近似展開し、図などを利用して T_1^3 の3つの3乗根のうち $\alpha + \omega\alpha^2 + \omega^2\alpha^4$ を次のように確定する。

$$\begin{aligned}T_1 &= \alpha + \omega\alpha^2 + \omega^2\alpha^4 \\ &\fallingdotseq -0.034831976384668 + 1.098862541878291i\end{aligned}$$

同様にして

$$\begin{aligned}T_2 &= \alpha + \omega\alpha^4 + \omega^2\alpha^2 \\ &\fallingdotseq 2.405301381960869 - 0.076243750006496i\end{aligned}$$

これをもとにして、

$$\alpha \fallingdotseq 0.62348980185873 + 0.78183148246803i$$

ここは、1の7乗根を代数的に求めることができるということを確認した点に満足することにしよう。

ここでちょっとおもしろい入試問題を紹介する。2016年の兵庫県立大学工学部前期試験だ。

> iを虚数単位とし、
> $$\alpha = \cos\frac{2\pi}{7} + i\sin\frac{2\pi}{7}$$
> とする。
> ① $\alpha + \alpha^2 + \alpha^3 + \alpha^4 + \alpha^5 + \alpha^6 = -1$が成立することを示せ。
> ② $z = \alpha + \alpha^2 + \alpha^4$とするとき、$z + \bar{z}$と$z\bar{z}$を求めよ。ここで$\bar{z}$は$z$の共役複素数である。
> ③ $\alpha + \alpha^2 + \alpha^4$を求めよ。

この問題を見た受験生は、zがαの1乗、2乗、3乗でなく、どうして1乗、2乗、4乗になっているか訝しんだだろう。しかしここまで読んだ読者は、これが1の7乗根を求める円周等分方程式に由来していることに気付くはずだ。

そこに気付けば、問題を解くのは簡単だ。

①はあたりまえすぎる事実なので、わざわざ証明する気にもなれないが、受験生になったつもりで解いてみよう。円周等分方程式との関係に気付かなければ、証明するのは難しそうだ。

①
証明

$$\alpha = \cos\frac{2\pi}{7} + i\sin\frac{2\pi}{7}$$

なので、ド・モアブルの定理により、

第 3 章　円の分割を定める方程式

$$\alpha^7 = \cos\frac{14\pi}{7} + i\sin\frac{14\pi}{7} = 1$$

したがって、
$$\alpha^7 - 1 = 0$$
$$(\alpha - 1)(1 + \alpha + \alpha^2 + \alpha^3 + \alpha^4 + \alpha^5 + \alpha^6) = 0$$
$\alpha \neq 1$なので
$$1 + \alpha + \alpha^2 + \alpha^3 + \alpha^4 + \alpha^5 + \alpha^6 = 0$$
$$\alpha + \alpha^2 + \alpha^3 + \alpha^4 + \alpha^5 + \alpha^6 = -1$$

②$\overline{z}$が$\alpha^3 + \alpha^5 + \alpha^6$であることはp.130の図3-10を見れば明らかだが、式の上で確認しておこう。

$$\overline{\alpha} = \cos\frac{2\pi}{7} - i\sin\frac{2\pi}{7} = \cos\left(-\frac{2\pi}{7}\right) + i\sin\left(-\frac{2\pi}{7}\right)$$
$$= \cos\frac{12\pi}{7} + i\sin\frac{12\pi}{7} = \alpha^6$$

同様にして、
$$\overline{\alpha^2} = \alpha^5$$
$$\overline{\alpha^4} = \alpha^3$$

したがって、
$$\overline{z} = \alpha^3 + \alpha^5 + \alpha^6$$
つまり$z = f_1$、$\overline{z} = f_2$なので、すなおに計算すれば
$$z + \overline{z} = -1$$
$$z\overline{z} = 2$$

③ $\alpha + \alpha^2 + \alpha^4$は②の結果を利用して2次方程式を解けばよい。

円周等分方程式に関係する入試問題、とくに1の7乗根に関する問題は幾度か目にしたことがある。この仕掛けがわからないと、ちょっと解くのに苦労するかもしれない。

　さて、ではもうひとつのルート、$\{1、2、3、4、5、6\}$ → $\{1、6\}$ → $\{1\}$ で1の7乗根を求めてみよう。
　$\mathbf{Z}/7\mathbf{Z}^*$ の部分群 $\{1、6\}$ による剰余類群は、$[\{1、6\}、\{2、5\}、\{3、4\}]$ だ。では $\{1、6\}$ で変化せず、$\{2、5\}$、$\{3、4\}$ でそれぞれ別の共役に変化するような式を考えよう。
　　　$\alpha + \alpha^6$
がこの条件に合致する。
　次のように f_1、f_2、f_3 を定めて、置換の様子を観察しよう。
　　　$f_1 = \alpha + \alpha^6$
　　　$f_2 = \alpha^2 + \alpha^5$
　　　$f_3 = \alpha^3 + \alpha^4$

・$\{1、6\}$ で置換。
　　1：これはそのまま。
　　6：$\alpha + \alpha^6 \to \alpha^6 + \alpha^{36} = \alpha^6 + \alpha$　　つまり　$f_1 \to f_1$
　　　：$\alpha^2 + \alpha^5 \to \alpha^{12} + \alpha^{30} = \alpha^5 + \alpha^2$　　つまり　$f_2 \to f_2$
　　　：$\alpha^3 + \alpha^4 \to \alpha^{18} + \alpha^{24} = \alpha^4 + \alpha^3$　　つまり　$f_3 \to f_3$
整理すると、$\{1、6\}$ はもとのまま。

・$\{2、5\}$ で置換。
　　2：$\alpha + \alpha^6 \to \alpha^2 + \alpha^{12} = \alpha^2 + \alpha^5$　　つまり　$f_1 \to f_2$
　　　：$\alpha^2 + \alpha^5 \to \alpha^4 + \alpha^{10} = \alpha^4 + \alpha^3$　　つまり　$f_2 \to f_3$
　　　：$\alpha^3 + \alpha^4 \to \alpha^6 + \alpha^8 = \alpha^6 + \alpha$　　つまり　$f_3 \to f_1$
　　5：$\alpha + \alpha^6 \to \alpha^5 + \alpha^{30} = \alpha^5 + \alpha^2$　　つまり　$f_1 \to f_2$
　　　：$\alpha^2 + \alpha^5 \to \alpha^{10} + \alpha^{25} = \alpha^3 + \alpha^4$　　つまり　$f_2 \to f_3$

第 3 章 円の分割を定める方程式

$\quad\quad : \alpha^3 + \alpha^4 \to \alpha^{15} + \alpha^{20} = \alpha + \alpha^6$　つまり　$f_3 \to f_1$

整理すると、$\{2、5\}$ は、

$$\begin{pmatrix} f_1 & f_2 & f_3 \\ f_2 & f_3 & f_1 \end{pmatrix} = (f_1 \quad f_2 \quad f_3)$$

・$\{3、4\}$ で置換。

$\quad\quad 3 : \alpha + \alpha^6 \to \alpha^3 + \alpha^{18} = \alpha^3 + \alpha^4$　つまり　$f_1 \to f_3$

$\quad\quad\quad : \alpha^2 + \alpha^5 \to \alpha^6 + \alpha^{15} = \alpha^6 + \alpha$　つまり　$f_2 \to f_1$

$\quad\quad\quad : \alpha^3 + \alpha^4 \to \alpha^9 + \alpha^{12} = \alpha^2 + \alpha^5$　つまり　$f_3 \to f_2$

$\quad\quad 4 : \alpha + \alpha^6 \to \alpha^4 + \alpha^{24} = \alpha^4 + \alpha^3$　つまり　$f_1 \to f_3$

$\quad\quad\quad : \alpha^2 + \alpha^5 \to \alpha^8 + \alpha^{20} = \alpha + \alpha^6$　つまり　$f_2 \to f_1$

$\quad\quad\quad : \alpha^3 + \alpha^4 \to \alpha^{12} + \alpha^{16} = \alpha^5 + \alpha^2$　つまり　$f_3 \to f_2$

整理すると、$\{3、4\}$ は、

$$\begin{pmatrix} f_1 & f_2 & f_3 \\ f_3 & f_1 & f_2 \end{pmatrix} = (f_1 \quad f_3 \quad f_2)$$

f_1、f_2、f_3 の基本対称式は基礎体に含まれているので、これは求まる。

$\quad f_1 + f_2 + f_3 = -1$

$\quad f_1 \cdot f_2 + f_2 \cdot f_3 + f_3 \cdot f_1$

$\quad = (\alpha^{11} + \alpha^8 + \alpha^6 + \alpha^3) + (\alpha^9 + \alpha^8 + \alpha^6 + \alpha^5)$

$\quad\quad + (\alpha^{10} + \alpha^5 + \alpha^9 + \alpha^4)$

$\quad = (\alpha^4 + \alpha + \alpha^6 + \alpha^3) + (\alpha^2 + \alpha + \alpha^6 + \alpha^5)$

$\quad\quad + (\alpha^3 + \alpha^5 + \alpha^2 + \alpha^4)$

$\quad = 2\alpha + 2\alpha^2 + 2\alpha^3 + 2\alpha^4 + 2\alpha^5 + 2\alpha^6$

$\quad = -2$

$\quad f_1 \cdot f_2 \cdot f_3 = \alpha^{15} + \alpha^{14} + \alpha^{12} + \alpha^{11} + \alpha^{10} + \alpha^9 + \alpha^7 + \alpha^6$

$\quad = \alpha^6 + \alpha^5 + \alpha^4 + \alpha^3 + \alpha^2 + \alpha + 2$

$\quad = 1$

したがってf_1、f_2、f_3は次の方程式の根となる。
$$t^3 + t^2 - 2t - 1 = 0$$

係数が全部小さな整数なので簡単そうだが、フォンタナ＝カルダノの公式に当てはめていくと、分母の有理化やら何やら、痛い目にあう。ここはやはり、ラグランジュの分解式を直接求めることにしよう。

群の置換の順番、$(f_1\ f_2\ f_3)$と$(f_1\ f_3\ f_2)$にしたがって2種類のラグランジュの分解式T_1、T_2を定める。ωは1の原始3乗根。

$$T_1 = f_1 + \omega f_2 + \omega^2 f_3$$
$$T_2 = f_1 + \omega f_3 + \omega^2 f_2$$

まずはT_1を3乗しよう。

$$T_1^3 = (f_1 + \omega f_2 + \omega^2 f_3)^3$$
$$= \{(\alpha + \alpha^6) + \omega(\alpha^2 + \alpha^5) + \omega^2(\alpha^3 + \alpha^4)\}^3$$

大変なことになりそうだが、これは有理数体にωを添加した体$\mathbf{Q}(\omega)$に含まれている。少なくともαは消えるはずだ。$\alpha^7 = 1$、$\omega^3 = 1$に注意してとにかく展開していく。

$$= (12\alpha^6 + 12\alpha^5 + 12\alpha^4 + 12\alpha^3 + 12\alpha^2 + 12\alpha)\omega^2$$
$$+ (9\alpha^6 + 9\alpha^5 + 9\alpha^4 + 9\alpha^3 + 9\alpha^2 + 9\alpha + 18)\omega$$
$$+ 10\alpha^6 + 10\alpha^5 + 10\alpha^4 + 10\alpha^3 + 10\alpha^2 + 10\alpha + 12$$
$$= 12(\alpha^6 + \alpha^5 + \alpha^4 + \alpha^3 + \alpha^2 + \alpha)\omega^2$$
$$+ 9(\alpha^6 + \alpha^5 + \alpha^4 + \alpha^3 + \alpha^2 + \alpha + 2)\omega$$
$$+ 10(\alpha^6 + \alpha^5 + \alpha^4 + \alpha^3 + \alpha^2 + \alpha) + 12$$

きれいにαが消えてくれる（$\alpha^6 + \alpha^5 + \alpha^4 + \alpha^3 + \alpha^2 + \alpha = -1$だから）。

$$= -12\omega^2 + 9\omega + 2$$

さらに$\omega^2 + \omega + 1 = 0$を利用して次数を下げる。

$$= 21\omega + 14$$

ω に $\dfrac{-1+\sqrt{3}\,i}{2}$ を代入する。

$$= 21 \times \frac{-1+\sqrt{3}\,i}{2} + 14 = \frac{7+21\sqrt{3}\,i}{2}$$

$$= \frac{7}{2}(1+3\sqrt{3}\,i)$$

同様にして
$$T_2^{\,3} = -21\omega - 7$$
$$= \frac{7}{2}(1-3\sqrt{3}\,i)$$

$T_1^{\,3}$ の 3 乗根は 3 つあるが、そのうち第 1 象限にあるものを T_1 とする。

$$T_1 = \sqrt[3]{\frac{7}{2}(1+3\sqrt{3}\,i)}$$

同様にして、$T_2^{\,3}$ の 3 乗根は 3 つあるが、そのうち第 4 象限にあるものを T_2 とする。

$$T_2 = \sqrt[3]{\frac{7}{2}(1-3\sqrt{3}\,i)}$$

また、
$$\begin{aligned}
f_1+f_2+f_3+T_1+T_2 &= f_1+f_2+f_3+f_1+\omega f_2+\omega^2 f_3+f_1 \\
&\quad +\omega f_3+\omega^2 f_2 \\
&= 3f_1 + (1+\omega+\omega^2)f_2 \\
&\quad + (1+\omega+\omega^2)f_3 \\
&= 3f_1 \qquad (\because \omega^2+\omega+1=0)
\end{aligned}$$

$$\therefore f_1 = \frac{f_1+f_2+f_3+T_1+T_2}{3} = \frac{-1+T_1+T_2}{3}$$

なので、

$$f_1 = \alpha + \alpha^6$$
$$= \frac{1}{3}\left(-1 + \sqrt[3]{\frac{7}{2}(1+3\sqrt{3}\,i)} + \sqrt[3]{\frac{7}{2}(1-3\sqrt{3}\,i)}\right)$$

ちなみに、f_2、f_3は次のようにして求められる。

$$f_2 = \frac{-1 + \omega^2 T_1 + \omega T_2}{3}$$

$$f_3 = \frac{-1 + \omega T_1 + \omega^2 T_2}{3}$$

また$T_1 T_2$を計算すると、

$$T_1 T_2 = (f_1 + \omega f_2 + \omega^2 f_3)(f_1 + \omega f_3 + \omega^2 f_2)$$
$$= -(\alpha + \alpha^2 + \alpha^3 + \alpha^4 + \alpha^5 + \alpha^6) + 6$$
$$= 7$$

なので、T_1^3とT_2^3の3乗根のうち、積が7になるものをあらためてT_1、T_2とすれば（3通りある）、次のようにあらわすこともできる。

$$f_1、f_2、f_3 = \frac{-1 + T_1 + T_2}{3}$$

p.132の図3-10を見ると、

$$\alpha + \alpha^6 = 2\cos\frac{2\pi}{7}$$

であることは明らかだが、一応式で確認しておこう。

$$\alpha = \cos\frac{2\pi}{7} + i\sin\frac{2\pi}{7}$$

$$\alpha^6 = \cos\frac{12\pi}{7} + i\sin\frac{12\pi}{7}$$

$$= \cos\left(-\frac{2\pi}{7}\right) + i\sin\left(-\frac{2\pi}{7}\right)$$

$$= \cos\frac{2\pi}{7} - i\sin\frac{2\pi}{7}$$

したがって、

$$\alpha + \alpha^6 = 2\cos\frac{2\pi}{7}$$

これでやっと、$\cos\dfrac{2\pi}{7}$ が求まった。

$$\cos\frac{2\pi}{7} = \frac{1}{6}\left(-1 + \sqrt[3]{\frac{7}{2}(1+3\sqrt{3}\,i)} + \sqrt[3]{\frac{7}{2}(1-3\sqrt{3}\,i)}\right)$$

3-3　1の11乗根

　次は1の11乗根を求めてみよう。1の7乗根であれだけ苦労したのだから、やめた方が身のためではないか、という声も聞こえてきそうだが、これだけはやっておきたい。

　1の11乗根を求める方程式のガロア群は $\mathbf{Z}/11\mathbf{Z}^*$ の乗法群に同型だが、$10 = 2\times 5$ なので、これは2次方程式と5次方程式に帰着する。周知の通り、5次方程式に根の公式はない。はたしてこの場合の5次方程式は解けるのだろうか。

　円周等分方程式はこうなる。

$$x^{10} + x^9 + x^8 + x^7 + x^6 + x^5 + x^4 + x^3 + x^2 + x + 1 = 0$$

　まずはグラフを描いてみよう。α を次のように定める。

$$\alpha = \cos\frac{2\pi}{11} + i\sin\frac{2\pi}{11}$$

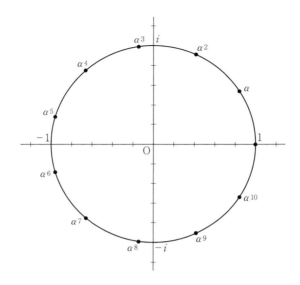

図3-16 1の11乗根のグラフ

$\mathbf{Z}/11\mathbf{Z}^*$で、2による生成群を調べてみる。

  2 4 8 $16 \equiv 5$ 10

  $20 \equiv 9$ $18 \equiv 7$ $14 \equiv 3$ 6 $12 \equiv 1$

2は原始根だ。次は4による生成群を調べる。

  4 $16 \equiv 5$ $20 \equiv 9$ $36 \equiv 3$ $12 \equiv 1$

{1、4、5、9、3} は位数5の部分群になる。5は素数なので、真の部分群はない。これでひとつの分解の列

  {1、2、4、8、5、10、9、7、3、6}
  → {1、4、5、9、3} → {1} ……①

が判明した。

もうひとつ、10による生成群も調べてみよう。

10   100 ≡ 1
{1、10} は位数2の部分群で、真の部分群はない。
　　　{1、2、4、8、5、10、9、7、3、6} → {1、10}
　　→ {1} ……②

①の分解列は、最初に2次方程式を解き、そのあとで5次方程式を解く。1の7乗根を求めるときにやったように、最初に解く2次方程式の根は$\sqrt{\ }$やらiやらが入った値になり、基礎体にそれを添加し、さらに1の原始5乗根ζを添加してから5次方程式を作ると、大変なことになる。

それに反して、②の分解列の場合、最初に解く5次方程式の基礎体は、有理数体$\mathbf{Q}$にζを添加した$\mathbf{Q}(\zeta)$で、①で5次方程式を解く場合と比べてかなりおとなしい。また1の7乗根を求めたときと同じように、この5次方程式の5つの根はすべて実数になる、というのもうれしい。

ということで、②の分解列にしたがって解いていこう。

{1、10} の剰余類を求める。

　　　$2 \times \{1、10\} = \{2、9\}$
　　　$3 \times \{1、10\} = \{3、8\}$
　　　$4 \times \{1、10\} = \{4、7\}$
　　　$5 \times \{1、10\} = \{5、6\}$

ここでは {1、10} で変化しないもっとも単純な式である $\alpha + \alpha^{10}$を選び、それをf_1としよう。その共役を並べる。

　　　$f_1 = \alpha + \alpha^{10}$
　　　$f_2 = \alpha^2 + \alpha^9$
　　　$f_3 = \alpha^3 + \alpha^8$
　　　$f_4 = \alpha^4 + \alpha^7$
　　　$f_5 = \alpha^5 + \alpha^6$

では、これらを根とする5次方程式を作ってみよう。基本対称式は有理数体$\mathbf{Q}$に含まれているので、有理数になるはずだ。

$\alpha^{11}=1$、$\alpha^{10}+\alpha^9+\alpha^8+\alpha^7+\alpha^6+\alpha^5+\alpha^4+\alpha^3+\alpha^2+\alpha+1=0$に注意。

○$f_1+f_2+f_3+f_4+f_5$
$=\alpha+\alpha^{10}+\alpha^2+\alpha^9+\alpha^3+\alpha^8+\alpha^4+\alpha^7+\alpha^5+\alpha^6$
$=-1$

○$f_1\cdot f_2+f_1\cdot f_3+f_1\cdot f_4+f_1\cdot f_5+f_2\cdot f_3+f_2\cdot f_4+f_2\cdot f_5$
　$+f_3\cdot f_4+f_3\cdot f_5+f_4\cdot f_5$
$=4\alpha^{10}+4\alpha^9+4\alpha^8+4\alpha^7+4\alpha^6+4\alpha^5+4\alpha^4+4\alpha^3+4\alpha^2$
　$+4\alpha$
$=-4$

○$f_1\cdot f_2\cdot f_3+f_1\cdot f_2\cdot f_4+f_1\cdot f_2\cdot f_5+f_1\cdot f_3\cdot f_4$
　$+f_1\cdot f_3\cdot f_5+f_1\cdot f_4\cdot f_5+f_2\cdot f_3\cdot f_4+f_2\cdot f_3\cdot f_5$
　$+f_2\cdot f_4\cdot f_5+f_3\cdot f_4\cdot f_5$
$=7\alpha^{10}+7\alpha^9+7\alpha^8+7\alpha^7+7\alpha^6+7\alpha^5+7\alpha^4+7\alpha^3+7\alpha^2$
　$+7\alpha+10$
$=3$

○$f_1\cdot f_2\cdot f_3\cdot f_4+f_1\cdot f_2\cdot f_3\cdot f_5+f_1\cdot f_2\cdot f_4\cdot f_5$
　$+f_1\cdot f_3\cdot f_4\cdot f_5+f_2\cdot f_3\cdot f_4\cdot f_5$
$=7\alpha^{10}+7\alpha^9+7\alpha^8+7\alpha^7+7\alpha^6+7\alpha^5+7\alpha^4+7\alpha^3+7\alpha^2$
　$+7\alpha+10$
$=3$

○$f_1\cdot f_2\cdot f_3\cdot f_4\cdot f_5$
$=3\alpha^{10}+3\alpha^9+3\alpha^8+3\alpha^7+3\alpha^6+3\alpha^5+3\alpha^4+3\alpha^3+3\alpha^2$
　$+3\alpha+2$

第 3 章　円の分割を定める方程式

$= -1$

したがって、f_1、f_2、f_3、f_4、f_5を根とする方程式は、次のようになる。

$$x^5 + x^4 - 4x^3 - 3x^2 + 3x + 1 = 0$$

しかし方程式ができても、どうやって解けばいいのか見当もつかない。5次方程式には根の公式はないし、適当な式変形、と思っても道筋は見えない。

グラフを描いてみれば、これが5つの実根を持っていることは確認できる（図3 - 17）。またそこに、半径2の円と正11角形の頂点を書き加えると、各頂点のx座標が方程式の根に一致しているらしいことも確認できる。

しかし具体的にどうすればいいのか、手も足も出ないのである。

係数が小さな整数で、おとなしそうな顔をしているのに、一歩も前に進めないとは、我ながら情けなくなってくる。

ここにラグランジュの分解式が颯爽と登場する。

その剛腕ぶりをとくとご覧じろ！

まずは剰余類群によってf_1〜f_5がどう置換されるかを確認する必要がある。

・$\{1、10\}$ で置換

　　1：これはそのまま。

　　10：$\alpha + \alpha^{10} \to \alpha^{10} + \alpha^{100} = \alpha^{10} + \alpha$　　つまり　$f_1 \to f_1$

　　　：$\alpha^2 + \alpha^9 \to \alpha^{20} + \alpha^{90} = \alpha^9 + \alpha^2$　　つまり　$f_2 \to f_2$

　　　：$\alpha^3 + \alpha^8 \to \alpha^{30} + \alpha^{80} = \alpha^8 + \alpha^3$　　つまり　$f_3 \to f_3$

　　　：$\alpha^4 + \alpha^7 \to \alpha^{40} + \alpha^{70} = \alpha^7 + \alpha^4$　　つまり　$f_4 \to f_4$

　　　：$\alpha^5 + \alpha^6 \to \alpha^{50} + \alpha^{60} = \alpha^6 + \alpha^5$　　つまり　$f_5 \to f_5$

整理すると、$\{1、10\}$ はもとのまま。

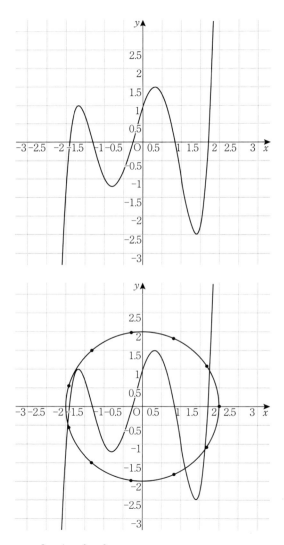

図3-17 $y=x^5+x^4-4x^3-3x^2+3x+1$ のグラフと正11角形の頂点

第 3 章　円の分割を定める方程式

- $\{2、9\}$ で置換。

$$2: \alpha + \alpha^{10} \to \alpha^2 + \alpha^{20} = \alpha^2 + \alpha^9 \quad \text{つまり} \quad f_1 \to f_2$$
$$: \alpha^2 + \alpha^9 \to \alpha^4 + \alpha^{18} = \alpha^4 + \alpha^7 \quad \text{つまり} \quad f_2 \to f_4$$
$$: \alpha^3 + \alpha^8 \to \alpha^6 + \alpha^{16} = \alpha^6 + \alpha^5 \quad \text{つまり} \quad f_3 \to f_5$$
$$: \alpha^4 + \alpha^7 \to \alpha^8 + \alpha^{14} = \alpha^8 + \alpha^3 \quad \text{つまり} \quad f_4 \to f_3$$
$$: \alpha^5 + \alpha^6 \to \alpha^{10} + \alpha^{12} = \alpha^{10} + \alpha \quad \text{つまり} \quad f_5 \to f_1$$
$$9: \alpha + \alpha^{10} \to \alpha^9 + \alpha^{90} = \alpha^9 + \alpha^2 \quad \text{つまり} \quad f_1 \to f_2$$
$$: \alpha^2 + \alpha^9 \to \alpha^{18} + \alpha^{81} = \alpha^7 + \alpha^4 \quad \text{つまり} \quad f_2 \to f_4$$
$$: \alpha^3 + \alpha^8 \to \alpha^{27} + \alpha^{72} = \alpha^5 + \alpha^6 \quad \text{つまり} \quad f_3 \to f_5$$
$$: \alpha^4 + \alpha^7 \to \alpha^{36} + \alpha^{63} = \alpha^3 + \alpha^8 \quad \text{つまり} \quad f_4 \to f_3$$
$$: \alpha^5 + \alpha^6 \to \alpha^{45} + \alpha^{54} = \alpha + \alpha^{10} \quad \text{つまり} \quad f_5 \to f_1$$

整理すると、$\{2、9\}$ は

$$\begin{pmatrix} f_1 f_2 f_3 f_4 f_5 \\ f_2 f_4 f_5 f_3 f_1 \end{pmatrix} = (f_1 \ f_2 \ f_4 \ f_3 \ f_5)$$

- $\{3、8\}$ で置換。

$$3: \alpha + \alpha^{10} \to \alpha^3 + \alpha^{30} = \alpha^3 + \alpha^8 \quad \text{つまり} \quad f_1 \to f_3$$
$$: \alpha^2 + \alpha^9 \to \alpha^6 + \alpha^{27} = \alpha^6 + \alpha^5 \quad \text{つまり} \quad f_2 \to f_5$$
$$: \alpha^3 + \alpha^8 \to \alpha^9 + \alpha^{24} = \alpha^9 + \alpha^2 \quad \text{つまり} \quad f_3 \to f_2$$
$$: \alpha^4 + \alpha^7 \to \alpha^{12} + \alpha^{21} = \alpha + \alpha^{10} \quad \text{つまり} \quad f_4 \to f_1$$
$$: \alpha^5 + \alpha^6 \to \alpha^{15} + \alpha^{18} = \alpha^4 + \alpha^7 \quad \text{つまり} \quad f_5 \to f_4$$
$$8: \alpha + \alpha^{10} \to \alpha^8 + \alpha^{80} = \alpha^8 + \alpha^3 \quad \text{つまり} \quad f_1 \to f_3$$
$$: \alpha^2 + \alpha^9 \to \alpha^{16} + \alpha^{72} = \alpha^5 + \alpha^6 \quad \text{つまり} \quad f_2 \to f_5$$
$$: \alpha^3 + \alpha^8 \to \alpha^{24} + \alpha^{64} = \alpha^2 + \alpha^9 \quad \text{つまり} \quad f_3 \to f_2$$
$$: \alpha^4 + \alpha^7 \to \alpha^{32} + \alpha^{56} = \alpha^{10} + \alpha \quad \text{つまり} \quad f_4 \to f_1$$
$$: \alpha^5 + \alpha^6 \to \alpha^{40} + \alpha^{48} = \alpha^7 + \alpha^4 \quad \text{つまり} \quad f_5 \to f_4$$

整理すると、$\{3、8\}$ は

$$\begin{pmatrix} f_1 & f_2 & f_3 & f_4 & f_5 \\ f_3 & f_5 & f_2 & f_1 & f_4 \end{pmatrix} = (f_1 \quad f_3 \quad f_2 \quad f_5 \quad f_4)$$

- $\{4、7\}$ で置換。

$$4: \alpha + \alpha^{10} \to \alpha^4 + \alpha^{40} = \alpha^4 + \alpha^7 \quad \text{つまり} \quad f_1 \to f_4$$
$$: \alpha^2 + \alpha^9 \to \alpha^8 + \alpha^{36} = \alpha^8 + \alpha^3 \quad \text{つまり} \quad f_2 \to f_3$$
$$: \alpha^3 + \alpha^8 \to \alpha^{12} + \alpha^{32} = \alpha + \alpha^{10} \quad \text{つまり} \quad f_3 \to f_1$$
$$: \alpha^4 + \alpha^7 \to \alpha^{16} + \alpha^{28} = \alpha^5 + \alpha^6 \quad \text{つまり} \quad f_4 \to f_5$$
$$: \alpha^5 + \alpha^6 \to \alpha^{20} + \alpha^{24} = \alpha^9 + \alpha^2 \quad \text{つまり} \quad f_5 \to f_2$$
$$7: \alpha + \alpha^{10} \to \alpha^7 + \alpha^{70} = \alpha^7 + \alpha^4 \quad \text{つまり} \quad f_1 \to f_4$$
$$: \alpha^2 + \alpha^9 \to \alpha^{14} + \alpha^{63} = \alpha^3 + \alpha^8 \quad \text{つまり} \quad f_2 \to f_3$$
$$: \alpha^3 + \alpha^8 \to \alpha^{21} + \alpha^{56} = \alpha^{10} + \alpha \quad \text{つまり} \quad f_3 \to f_1$$
$$: \alpha^4 + \alpha^7 \to \alpha^{28} + \alpha^{49} = \alpha^6 + \alpha^5 \quad \text{つまり} \quad f_4 \to f_5$$
$$: \alpha^5 + \alpha^6 \to \alpha^{35} + \alpha^{42} = \alpha^2 + \alpha^9 \quad \text{つまり} \quad f_5 \to f_2$$

整理すると、$\{4、7\}$ は

$$\begin{pmatrix} f_1 & f_2 & f_3 & f_4 & f_5 \\ f_4 & f_3 & f_1 & f_5 & f_2 \end{pmatrix} = (f_1 \quad f_4 \quad f_5 \quad f_2 \quad f_3)$$

- $\{5、6\}$ で置換。

$$5: \alpha + \alpha^{10} \to \alpha^5 + \alpha^{50} = \alpha^5 + \alpha^6 \quad \text{つまり} \quad f_1 \to f_5$$
$$: \alpha^2 + \alpha^9 \to \alpha^{10} + \alpha^{45} = \alpha^{10} + \alpha \quad \text{つまり} \quad f_2 \to f_1$$
$$: \alpha^3 + \alpha^8 \to \alpha^{15} + \alpha^{40} = \alpha^4 + \alpha^7 \quad \text{つまり} \quad f_3 \to f_4$$
$$: \alpha^4 + \alpha^7 \to \alpha^{20} + \alpha^{35} = \alpha^9 + \alpha^2 \quad \text{つまり} \quad f_4 \to f_2$$
$$: \alpha^5 + \alpha^6 \to \alpha^{25} + \alpha^{30} = \alpha^3 + \alpha^8 \quad \text{つまり} \quad f_5 \to f_3$$
$$6: \alpha + \alpha^{10} \to \alpha^6 + \alpha^{60} = \alpha^6 + \alpha^5 \quad \text{つまり} \quad f_1 \to f_5$$
$$: \alpha^2 + \alpha^9 \to \alpha^{12} + \alpha^{54} = \alpha + \alpha^{10} \quad \text{つまり} \quad f_2 \to f_1$$
$$: \alpha^3 + \alpha^8 \to \alpha^{18} + \alpha^{48} = \alpha^7 + \alpha^4 \quad \text{つまり} \quad f_3 \to f_4$$
$$: \alpha^4 + \alpha^7 \to \alpha^{24} + \alpha^{42} = \alpha^2 + \alpha^9 \quad \text{つまり} \quad f_4 \to f_2$$
$$: \alpha^5 + \alpha^6 \to \alpha^{30} + \alpha^{36} = \alpha^8 + \alpha^3 \quad \text{つまり} \quad f_5 \to f_3$$

第3章 円の分割を定める方程式

整理すると、$|5、6|$ は

$$\begin{pmatrix} f_1 & f_2 & f_3 & f_4 & f_5 \\ f_5 & f_1 & f_4 & f_2 & f_3 \end{pmatrix} = (f_1 \quad f_5 \quad f_3 \quad f_4 \quad f_2)$$

この順番にしたがって、ラグランジュの分解式を作ろう。1の原始5乗根をζとする。

$V_1 = f_1 + \zeta f_2 + \zeta^2 f_4 + \zeta^3 f_3 + \zeta^4 f_5$

$V_2 = f_1 + \zeta f_3 + \zeta^2 f_2 + \zeta^3 f_5 + \zeta^4 f_4$

$V_3 = f_1 + \zeta f_4 + \zeta^2 f_5 + \zeta^3 f_2 + \zeta^4 f_3$

$V_4 = f_1 + \zeta f_5 + \zeta^2 f_3 + \zeta^3 f_4 + \zeta^4 f_2$

この順番であれば、剰余類群の置換によって$V \to \zeta^n V$と変化するので、V^5は剰余類群の置換によって変化しない。つまりV_1^5、V_2^5、V_3^5、V_4^5は基礎体に含まれる。基礎体は有理数体$\mathbf{Q}$にζを添加した$\mathbf{Q}(\zeta)$だ。

1の7乗根を求めたときは、元が3つのラグランジュの分解式について考えた。元が3つなら、その並べ方は$3! = 6$通り。置換によって変化する形も、V_1、ωV_1、$\omega^2 V_1$、V_2、ωV_2、$\omega^2 V_2$と6通りで、事実上V_1とV_2ですべての場合が尽くされる。順番を気にする必要はなかった。

ところがここでは元が5つのラグランジュの分解式について考えなければならない。元が5つとなると、その並べ方は$5! = 120$通りにもなる。上の$V_1 \sim V_4$について、置換してあらわれてくるものはそれぞれV_1、ζV_1、$\zeta^2 V_1$、$\zeta^3 V_1$、$\zeta^4 V_1$の5通りなので、全部で$5 \times 4 = 20$通りでしかない。ここに含まれないラグランジュの分解式は100通り、置換による変化を考慮してもあと20通りもある。

もしそれらを選んだらひどい目にあう。

たとえば次のようなラグランジュの分解式を選んでみよ

う。
$$V_5 = f_1 + \zeta f_2 + \zeta^2 f_3 + \zeta^3 f_4 + \zeta^4 f_5$$

これを5乗する。
$V_5{}^5 = (f_1 + \zeta f_2 + \zeta^2 f_3 + \zeta^3 f_4 + \zeta^4 f_5)^5$
$= \{(\alpha + \alpha^{10}) + \zeta(\alpha^2 + \alpha^9) + \zeta^2(\alpha^3 + \alpha^8)$
$\quad + \zeta^3(\alpha^4 + \alpha^7) + \zeta^4(\alpha^5 + \alpha^6)\}^5$
$\alpha^{11} = 1$、$\zeta^5 = 1$ に注意して展開する。
$= (1800\alpha^{10} + 1910\alpha^9 + 2020\alpha^8 + 1745\alpha^7 + 1635\alpha^6 + 1635\alpha^5$
$\quad + 1745\alpha^4 + 2020\alpha^3 + 1910\alpha^2 + 1800\alpha + 1780)\zeta^4$
$+ (1875\alpha^{10} + 1820\alpha^9 + 1985\alpha^8 + 1765\alpha^7 + 1655\alpha^6$
$\quad + 1655\alpha^5 + 1765\alpha^4 + 1985\alpha^3 + 1820\alpha^2 + 1875\alpha + 1800)\zeta^3$
$+ (1780\alpha^{10} + 1890\alpha^9 + 1560\alpha^8 + 1945\alpha^7 + 1890\alpha^6 + 1890\alpha^5$
$\quad + 1945\alpha^4 + 1560\alpha^3 + 1890\alpha^2 + 1780\alpha + 1870)\zeta^2$
$+ (1860\alpha^{10} + 1585\alpha^9 + 1860\alpha^8 + 1640\alpha^7 + 2135\alpha^6 + 2135\alpha^5$
$\quad + 1640\alpha^4 + 1860\alpha^3 + 1585\alpha^2 + 1860\alpha + 1840)\zeta$
$+ 1776\alpha^{10} + 1886\alpha^9 + 1666\alpha^8 + 1996\alpha^7 + 1776\alpha^6 + 1776\alpha^5$
$\quad + 1996\alpha^4 + 1666\alpha^3 + 1886\alpha^2 + 1776\alpha + 1800$

どうがんばってもαは消えそうにない。いったいこれはどうなっているんだ！　と頭をかかえることになるのである。

ではV_1を5乗してみよう。
$V_1{}^5 = (f_1 + \zeta f_2 + \zeta^2 f_4 + \zeta^3 f_3 + \zeta^4 f_5)^5$
$= (1810\alpha^{10} + 1810\alpha^9 + 1810\alpha^8 + 1810\alpha^7 + 1810\alpha^6 + 1810\alpha^5$
$\quad + 1810\alpha^4 + 1810\alpha^3 + 1810\alpha^2 + 1810\alpha + 1900)\zeta^4$
$+ (1820\alpha^{10} + 1820\alpha^9 + 1820\alpha^8 + 1820\alpha^7 + 1820\alpha^6 + 1820\alpha^5$
$\quad + 1820\alpha^4 + 1820\alpha^3 + 1820\alpha^2 + 1820\alpha + 1800)\zeta^3$

$+ (1795\alpha^{10} + 1795\alpha^9 + 1795\alpha^8 + 1795\alpha^7 + 1795\alpha^6 + 1795\alpha^5$
$\quad + 1795\alpha^4 + 1795\alpha^3 + 1795\alpha^2 + 1795\alpha + 2050)\zeta^2$
$+ (1830\alpha^{10} + 1830\alpha^9 + 1830\alpha^8 + 1830\alpha^7 + 1830\alpha^6 + 1830\alpha^5$
$\quad + 1830\alpha^4 + 1830\alpha^3 + 1830\alpha^2 + 1830\alpha + 1700)\zeta$
$+ 1836\alpha^{10} + 1836\alpha^9 + 1836\alpha^8 + 1836\alpha^7 + 1836\alpha^6 + 1836\alpha^5$
$\quad + 1836\alpha^4 + 1836\alpha^3 + 1836\alpha^2 + 1836\alpha + 1640$

$= \{1810(\alpha^{10} + \alpha^9 + \alpha^8 + \alpha^7 + \alpha^6 + \alpha^5 + \alpha^4 + \alpha^3 + \alpha^2 + \alpha$
$\quad + 1) + 90\}\zeta^4$
$+ \{1820(\alpha^{10} + \alpha^9 + \alpha^8 + \alpha^7 + \alpha^6 + \alpha^5 + \alpha^4 + \alpha^3 + \alpha^2 + \alpha$
$\quad + 1) - 20\}\zeta^3$
$+ \{1795(\alpha^{10} + \alpha^9 + \alpha^8 + \alpha^7 + \alpha^6 + \alpha^5 + \alpha^4 + \alpha^3 + \alpha^2 + \alpha$
$\quad + 1) + 255\}\zeta^2$
$+ \{1830(\alpha^{10} + \alpha^9 + \alpha^8 + \alpha^7 + \alpha^6 + \alpha^5 + \alpha^4 + \alpha^3 + \alpha^2 + \alpha$
$\quad + 1) - 130\}\zeta$
$+ 1836(\alpha^{10} + \alpha^9 + \alpha^8 + \alpha^7 + \alpha^6 + \alpha^5 + \alpha^4 + \alpha^3 + \alpha^2 + \alpha$
$\quad + 1) - 196$

今度は見事にαが消えてくれるではないか。

$= 90\zeta^4 - 20\zeta^3 + 255\zeta^2 - 130\zeta - 196$

$\zeta^4 + \zeta^3 + \zeta^2 + \zeta + 1 = 0$を使って次数を下げておく。

$= -110\zeta^3 + 165\zeta^2 - 220\zeta - 286$

この結果を含め、ラグランジュの分解式の5乗を並べておこう。

$$V_1^5 = -110\zeta^3 + 165\zeta^2 - 220\zeta - 286$$
$$V_2^5 = -165\zeta^3 - 385\zeta^2 - 275\zeta - 451$$
$$V_3^5 = -110\zeta^3 + 110\zeta^2 + 275\zeta - 176$$
$$V_4^5 = 385\zeta^3 + 110\zeta^2 + 220\zeta - 66$$

これに

$$\zeta = \frac{-1+\sqrt{5}}{4} + \frac{\sqrt{10+2\sqrt{5}}}{4}i$$

を代入すればいいのだが、まともにやったらかなり計算が大変そうだ。ここで、

$$\zeta^2 + \zeta^3 = \frac{-1-\sqrt{5}}{2}$$

という関係を思いだしながら、上の式を眺めてみよう (p.124参照)。すると、V_1^5とV_4^5の和が簡単に求まることに気付くはずだ。

$$V_1^5 + V_4^5 = 275(\zeta^2 + \zeta^3) - 352$$
$$= -\frac{11}{2}(25\sqrt{5} + 89)$$

積も簡単になる。

$$V_1^5 V_4^5 = 161051 = 11^5$$

したがって、V_1^5、V_4^5は次の2次方程式の2根となる。

$$t^2 + \frac{11}{2}(25\sqrt{5} + 89)t + 11^5 = 0$$

これを解いて、

$$V_1^5,\ V_4^5 = -\frac{11}{4}\left(89 + 25\sqrt{5} \pm 5\sqrt{410 - 178\sqrt{5}}\,i\right)$$

±のうちどちらが+でどちらが−かの判定は難しいが、この段階ではもう気にする必要はなかろう。

同様にして

$$V_2^5 + V_3^5 = -275(z^2 + z^3) - 627$$
$$= \frac{11}{2}(25\sqrt{5} - 89)$$

$$V_2^5 V_3^5 = 161051 = 11^5$$

2次方程式を解いて、

$$V_2{}^5,\ V_3{}^5 = -\frac{11}{4}\left(89 - 25\sqrt{5} \pm 5\sqrt{410 + 178\sqrt{5}}\,i\right)$$

次にそれぞれの5乗根を求めるわけだが、その前に確かめておくことがある。

$$V_1 V_2 V_3 V_4 = 121 = 11^2$$

だからそれぞれの5乗根のうち、積が121になるものをそれぞれ V_1、V_2、V_3、V_4 とする（5通りある）。

そして、

$$\begin{aligned}
&f_1 + f_2 + f_3 + f_4 + f_5 + V_1 + V_2 + V_3 + V_4 \\
&= f_1 + f_2 + f_3 + f_4 + f_5 \\
&\quad + f_1 + \zeta f_2 + \zeta^3 f_3 + \zeta^2 f_4 + \zeta^4 f_5 \\
&\quad + f_1 + \zeta^2 f_2 + \zeta f_3 + \zeta^4 f_4 + \zeta^3 f_5 \\
&\quad + f_1 + \zeta^3 f_2 + \zeta^4 f_3 + \zeta f_4 + \zeta^2 f_5 \\
&\quad + f_1 + \zeta^4 f_2 + \zeta^2 f_3 + \zeta^3 f_4 + \zeta f_5 \\
&= 5f_1 + (\zeta^4 + \zeta^3 + \zeta^2 + \zeta + 1)(f_2 + f_3 + f_4 + f_5) \\
&= 5f_1
\end{aligned}$$

という関係に注意すれば、

$$\begin{aligned}
f_1,\ f_2,\ f_3,\ f_4,\ f_5 &= \frac{-1 + V_1 + V_2 + V_3 + V_4}{5} \\
&= \frac{1}{5}\Biggl\{-1 + \sqrt[5]{-\frac{11}{4}\left(89 + 25\sqrt{5} + 5\sqrt{410 - 178\sqrt{5}}\,i\right)} \\
&\quad + \sqrt[5]{-\frac{11}{4}\left(89 - 25\sqrt{5} + 5\sqrt{410 + 178\sqrt{5}}\,i\right)} \\
&\quad + \sqrt[5]{-\frac{11}{4}\left(89 - 25\sqrt{5} - 5\sqrt{410 + 178\sqrt{5}}\,i\right)} \\
&\quad + \sqrt[5]{-\frac{11}{4}\left(89 + 25\sqrt{5} - 5\sqrt{410 - 178\sqrt{5}}\,i\right)}\Biggr\}
\end{aligned}$$

これらはそれぞれ

$$2\cos\frac{2\pi}{11}、2\cos\frac{4\pi}{11}、2\cos\frac{6\pi}{11}、2\cos\frac{8\pi}{11}、$$

$$2\cos\frac{10\pi}{11}$$

をあらわしている。

ラグランジュの分解式の威力は充分に堪能できただろうか。

3-4　一般化

1のp乗根（pは素数）のガロア群は$\mathbf{Z}/p\mathbf{Z}^*$の乗法群と同型だった。

ここで、オイラーのϕ（ファイ）関数というものを紹介しよう。江戸時代、久留島義太という和算家がオイラーよりも早く発見していたので、オイラー＝久留島の関数とも呼ばれている。

ϕ関数は、自然数nに対して、n以下でnと互いに素である（共通する約数が1だけである）数の個数をあらわす。

$n = a^p \cdot b^q \cdot \cdots \cdot c^r$と素因数分解されたとすると、$\phi$関数はこうあらわされる。

$$\phi(n) = n\left(1-\frac{1}{a}\right)\left(1-\frac{1}{b}\right)\cdots\left(1-\frac{1}{c}\right)$$

たとえば12以下で12と互いに素な整数は1、5、7、11の4つだが、

$$\phi(12) = 12 \times \left(1-\frac{1}{2}\right) \times \left(1-\frac{1}{3}\right) = 12 \times \frac{1}{2} \times \frac{2}{3} = 4$$

第 3 章　円の分割を定める方程式

といった具合だ。

さらに、$\mathbb{Z}/p\mathbb{Z}^*$ の乗法群の元のうち、位数が n であるものは $\phi(n)$ 個である、という定理もわかっている（この定理については、拙著『13歳の娘に語るガウスの黄金定理』参照）。

$\mathbb{Z}/7\mathbb{Z}^*$ の場合で確かめてみよう。この乗法群の位数は 6、6 の約数は 1、2、3、6。

$$\phi(6) = 6 \times \left(1 - \frac{1}{2}\right) \times \left(1 - \frac{1}{3}\right) = 6 \times \frac{1}{2} \times \frac{2}{3} = 2$$

$$\phi(3) = 3 \times \left(1 - \frac{1}{3}\right) = 3 \times \frac{2}{3} = 2$$

$$\phi(2) = 2 \times \left(1 - \frac{1}{2}\right) = 2 \times \frac{1}{2} = 1$$

$$\phi(1) = 1$$

なので、位数 6 の数（これは原始根だ）が 2 つ、位数 3 の数が 2 つ、位数 2 の数が 1 つ、位数 1 の数が 1 つとなる。

実際、そうなっている。

$6 \rightarrow 36 \equiv 1$　　　　　　　　　　　　　　　　　　位数 2

$5 \rightarrow 25 \equiv 4 \rightarrow 20 \equiv 6 \rightarrow 30 \equiv 2 \rightarrow 10 \equiv 3 \rightarrow 15 \equiv 1$　　位数 6

$4 \rightarrow 16 \equiv 2 \rightarrow 8 \equiv 1$　　　　　　　　　　　　　　位数 3

$3 \rightarrow 9 \equiv 2 \rightarrow 6 \rightarrow 18 \equiv 4 \rightarrow 12 \equiv 5 \rightarrow 15 \equiv 1$　　位数 6

$2 \rightarrow 4 \rightarrow 8 \equiv 1$　　　　　　　　　　　　　　　　位数 3

1　　　　　　　　　　　　　　　　　　　　　　　位数 1

つまり $\mathbb{Z}/p\mathbb{Z}^*$ の乗法群には、$p-1$ の約数が位数である元が存在するのである。これは、$p-1$ の約数が位数である部分群が存在することを意味する。

だから $\mathbb{Z}/p\mathbb{Z}^*$ の乗法群は、次ページの図 3 - 18 のようにすべての剰余類群が素数であるような部分群の列に分解できる

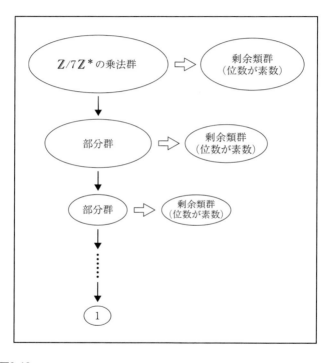

図3-18

第 3 章　円の分割を定める方程式

のである。

剰余類群の位数が素数qであれば、代数的に解ける。

もっと正確に言うと、その剰余類群の単位元で変わらず、他の元で変わる式fに剰余類群の元を作用させていけば、その式の共役がすべて出てくる。その共役について、ラグランジュの分解式Vを作り、q乗したものは、剰余類群のすべての元で不変となる。つまりその値は基礎体に含まれる。

ラグランジュの分解式に必要な1のq乗根は基礎体に含まれていると仮定しても問題はない。明らかにqはpよりも小さいからだ。

そしてそのq乗根を求めれば、Vが求まる。Vが求まればfも求まる。

ラグランジュは方程式の解法を研究する中で、ラグランジュの分解式を発見したが、それを充分に活用することができなかった。ラグランジュの分解式は、ガウスの「円の分割を定める方程式」の中で大舞台を与えられ、期待を裏切らぬ大活躍をするのである。

こうやって求めた値を次々に基礎体に添加して体を拡大していく。それにともなって群は縮小していく。

そして最後に、群は単位元 {1} だけの群にまで縮小する。これは円周等分方程式が解けたということを意味する。

群が単位元だけになるということは、その他のあらゆる置換で元が変わってしまうことを意味している。たとえば

$x_1 = \alpha$

$x_2 = \beta$

$\vdots$

165

$$x_p = \gamma$$

という、方程式が完全に解けた状態を意味しているのである。このように式が並んでいれば、明らかに単位元以外の置換では元が変わってしまうからだ。

ここまでの計算は、四則演算を除けば、剰余類群の位数qに対して、q乗根を求めることだけだ。

つまりこのことによって、1の累乗根は有理数に対して四則と根号をほどこすことによってあらわせることが示されたのである。

3-5 ユークリッド以来の快挙

この章の最後に、1の17乗根を求めてみよう。

例によってグラフを描く(次ページ図3-19参照)。

$$\alpha = \cos\frac{2\pi}{17} + i\sin\frac{2\pi}{17}$$

1の7乗根や11乗根でさんざん苦労したから、もういい加減にしてほしいと思っている方もおられるかもしれないが、17乗根はちょっと特別なのだ。

まず円周等分方程式のガロア群は$\mathbf{Z}/17\mathbf{Z}^*$の乗法群だが、この位数は$17-1=16$だ。

$$16 = 2 \times 2 \times 2 \times 2$$

つまりこの円周等分方程式は、2次方程式を4回解けば解決するのである。

2次方程式だけなのだ。

みなさん身にしみていると思うが、3次方程式、4次方程

第 3 章 円の分割を定める方程式

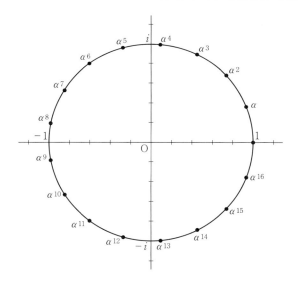

図3-19 1の17乗根のグラフ

式に比べると、2次方程式は格段にやさしい。

また分解する群の位数が

　　　$16 \to 8 \to 4 \to 2 \to 1$

なので、たとえば $\alpha + \alpha^{16}$ がずっとセットになる。グラフを見ればわかるとおり、$\alpha + \alpha^{16}$ は実数だ。この円周等分方程式を解くとき、i が出てくるのは最後の最後なのである。だから、これまで苦労してきたような、i を含む式の累乗根を求める、というようなことは起こらない。

2次方程式の場合、根は2つ出てくるが、その2つが何を意味しているかの判定も、それほど難しくはない。

つまり1の17乗根は、1の7乗根や11乗根よりもずっとや

さしいのだ。

また、この円周等分方程式は歴史的にも特別な意味を持っている。

人類がこの方程式の解法を目にしたのは、1796年3月30日（29日という説もある）だった。この日の朝、目覚めと同時にガウスは方程式の解法に気がついたのだという。

またガウスは、1の17乗根が2次方程式を解くだけで求めることができるという点にも注目していた。2次方程式を解くだけであるから、出てくる値は有理数とその平方根だけなのである。

古代ギリシャの数学では、コンパスと、点と点を直線で結ぶ定規だけを用いて作図する、という問題が深く研究されていた。長さ1が与えられれば、コンパスと定規を用いて加減乗除の結果を求めることができる。つまりすべての有理数が求まる。さらに三平方の定理を用いて、平方根を求めることもできる。しかしそれ以外の量、たとえば$\sqrt[3]{2}$などを求めることはできない。

ギリシャ3大作図問題のひとつと言われている角の三等分は、与えられた量の3乗根を求めなければならないため、コンパスと定規では不可能なのだ。

頂点の数が素数である正多角形のうち、正3角形と正5角形がコンパスと定規で作図可能であることは、ユークリッドの時代からわかっていた。そして長い間、コンパスと定規で作図可能なのはこのふたつだけだと思われていた。

ところがこの日の朝、ガウスは正17角形もコンパスと定規で作図が可能であることを知ったのだ。実にユークリッド以来2000年ぶりの快挙だった。

第 3 章　円の分割を定める方程式

ガウスはこう書いている。

　円の幾何学的な三等分および五等分の可能性はすでにユークリッドの時代に知られていたにもかかわらず、2000年という時の流れの中でこの発見に対して何事も付け加えられなかったこと、そうして幾何学者たちのだれもが、このような分割［すなわち、三等分と五等分］と、それに、それらからおのずと派生する分割、すなわち15、$3\cdot 2^\mu$、$5\cdot 2^\mu$、$15\cdot 2^\mu$および2^μ個の部分への分割以外には、幾何学的構成を通じてなしうる分割は存在しない旨を明言していたという事実には確かに驚くべきものがある。

（『ガウス　整数論』高瀬正仁訳、朝倉書店）

1の17乗根を求めるため、例によって$\mathbf{Z}/17\mathbf{Z}^*$を追究する。
○2によって生成される群を調べてみよう。

　　2　　　　4　　　　8　　　　16
　　$32\equiv 15$　$30\equiv 13$　$26\equiv 9$　$18\equiv 1$

2によって生成される群の位数は8。これは最初の分解で使える。この群を次のように並べる。

　　$\{1、2、4、8、16、15、13、9\}$

○3によって生成される群。

　　3　　　　9　　　　$27\equiv 10$　$30\equiv 13$
　　$39\equiv 5$　15　　　$45\equiv 11$　$33\equiv 16$
　　$48\equiv 14$　$42\equiv 8$　$24\equiv 7$　$21\equiv 4$
　　12　　　$36\equiv 2$　6　　　　$18\equiv 1$

位数は16。3は原始根だ。$\mathbf{Z}/17\mathbf{Z}^*$を次のように並べよう。

{1、3、9、10、13、5、15、11、16、14、8、7、
　　　12、2、6}
○4によって生成される群。
　　　　4　　　　16　　　　64≡13　　52≡1
　位数は4。
　　　　{1、4、16、13}
○位数が2である群は、16によって生成される群だ。
　　　　16　　　　256≡1
　　　　{1、16}

したがって、$\mathbf{Z}/17\mathbf{Z}^*$は次のように分解される。それぞれの群に①〜⑤の番号を付けよう。

　　　① {1、3、9、10、13、5、15、11、16、14、8、7、
　　　　 4、12、2、6}
　→② {1、2、4、8、16、15、13、9}
　→③ {1、4、16、13}
　→④ {1、16}
　→⑤ {1}

少し見づらいので、小さい順に並べておこう。

　① {1、2、3、4、5、6、7、8、9、10、11、12、13、
　　　14、15、16}
　② {1、2、4、8、9、13、15、16}
　③ {1、4、13、16}
　④ {1、16}
　⑤ {1}

〈1〉
　①の②による剰余類を求める。

第 3 章　円の分割を定める方程式

$3 \times \{1、2、4、8、9、13、15、16\}$
$= \{3、6、12、24 \equiv 7、27 \equiv 10、39 \equiv 5、45 \equiv 11、48 \equiv 14\}$
$= \{3、5、6、7、10、11、12、14\}$

したがって剰余類群は次のようになる。

[$\{1、2、4、8、9、13、15、16\}$、$\{3、5、6、7、10、11、12、14\}$]

①で変わらない式として、もっとも簡単な

$\alpha^{16} + \alpha^{15} + \alpha^{13} + \alpha^9 + \alpha^8 + \alpha^4 + \alpha^2 + \alpha$

を選び、これを f_1 としよう。またこの共役を f_2 とする。

$f_1 = \alpha^{16} + \alpha^{15} + \alpha^{13} + \alpha^9 + \alpha^8 + \alpha^4 + \alpha^2 + \alpha$
$f_2 = \alpha^{14} + \alpha^{12} + \alpha^{11} + \alpha^{10} + \alpha^7 + \alpha^6 + \alpha^5 + \alpha^3$

ラグランジュの分解式は $f_1 - f_2$ なので、この 2 乗を求めてもいいのだが、元がふたつの場合は 2 次方程式を解く方が楽なので、以下すべて 2 次方程式を解くことにする。

$f_1 + f_2$
$= \alpha^{16} + \alpha^{15} + \alpha^{14} + \alpha^{13} + \alpha^{12} + \alpha^{11} + \alpha^{10} + \alpha^9 + \alpha^8$
$\quad + \alpha^7 + \alpha^6 + \alpha^5 + \alpha^4 + \alpha^3 + \alpha^2 + \alpha$
$= -1$

$f_1 \cdot f_2$
$= (\alpha^{16} + \alpha^{15} + \alpha^{13} + \alpha^9 + \alpha^8 + \alpha^4 + \alpha^2 + \alpha)$
$\quad \times (\alpha^{14} + \alpha^{12} + \alpha^{11} + \alpha^{10} + \alpha^7 + \alpha^6 + \alpha^5 + \alpha^3)$
$= 4(\alpha^{16} + \alpha^{15} + \alpha^{14} + \alpha^{13} + \alpha^{12} + \alpha^{11} + \alpha^{10} + \alpha^9 + \alpha^8$
$\quad + \alpha^7 + \alpha^6 + \alpha^5 + \alpha^4 + \alpha^3 + \alpha^2 + \alpha)$
$= -4$

したがって f_1、f_2 は次の方程式の 2 根となる。

$t^2 + t - 4 = 0$

$$t = \frac{-1 \pm \sqrt{17}}{2}$$

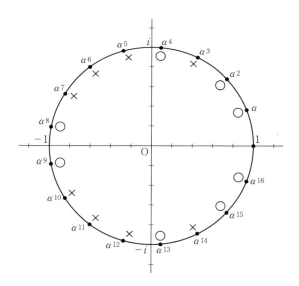

図3-20

どちらがf_1でどちらがf_2か判定しなければならない。式を使って厳密に判定することも可能だが、かなり面倒くさい。ここは上の図3-20を使って判定しよう。

f_1の項には○を、f_2の項には×を振った。明らかに

$$f_1 > f_2$$

である。したがって、

$$f_1 = \frac{-1+\sqrt{17}}{2}$$

$$f_2 = \frac{-1-\sqrt{17}}{2}$$

〈2〉
②の③による剰余類を求める。

$$2 \times \{1、4、13、16\} = \{2、8、26 \equiv 9、32 \equiv 15\}$$
$$= \{2、8、9、15\}$$

したがって剰余類群は次のようになる。

$$[\{1、4、13、16\}、\{2、8、9、15\}]$$

③によって変わらない式をg_1とし、その共役をg_2とする。

$$g_1 = \alpha^{16} + \alpha^{13} + \alpha^4 + \alpha$$
$$g_2 = \alpha^{15} + \alpha^9 + \alpha^8 + \alpha^2$$

g_1、g_2を根とする2次方程式を求めよう。

$g_1 + g_2$
$= (\alpha^{16} + \alpha^{13} + \alpha^4 + \alpha) + (\alpha^{15} + \alpha^9 + \alpha^8 + \alpha^2)$
$= \alpha^{16} + \alpha^{15} + \alpha^{13} + \alpha^9 + \alpha^8 + \alpha^4 + \alpha^2 + \alpha$
$= f_1$

$g_1 \cdot g_2$
$= (\alpha^{16} + \alpha^{13} + \alpha^4 + \alpha)(\alpha^{15} + \alpha^9 + \alpha^8 + \alpha^2)$
$= \alpha^{16} + \alpha^{15} + \alpha^{14} + \alpha^{13} + \alpha^{12} + \alpha^{11} + \alpha^{10} + \alpha^9 + \alpha^8$
$\quad + \alpha^7 + \alpha^6 + \alpha^5 + \alpha^4 + \alpha^3 + \alpha^2 + \alpha$
$= -1$

$$\therefore t^2 - f_1 t - 1 = 0$$

$$\rightarrow t^2 - \frac{-1+\sqrt{17}}{2} t - 1 = 0$$

これを解いて、

$$t = \frac{-1+\sqrt{17} \pm \sqrt{34-2\sqrt{17}}}{4}$$

やはり図を用いてg_1、g_2を判定しよう。

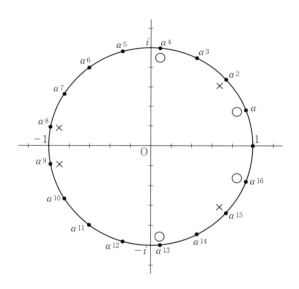

図3-21

g_1の項には○、g_2の項には×をつけた。明らかに

$g_1 > g_2$

したがって、

$$g_1 = \frac{-1+\sqrt{17}+\sqrt{34-2\sqrt{17}}}{4}$$

$$g_2 = \frac{-1+\sqrt{17}-\sqrt{34-2\sqrt{17}}}{4}$$

第 3 章 円の分割を定める方程式

①の③による剰余類としては、これ以外にふたつある。

$3 \times \{1、4、13、16\} = \{3、12、39 \equiv 5、48 \equiv 14\}$
$\qquad = \{3、5、12、14\}$
$6 \times \{1、4、13、16\} = \{6、24 \equiv 7、78 \equiv 10、96 \equiv 11\}$
$\qquad = \{6、7、10、11\}$

これらの置換によってできる共役をg_3、g_4とする。あとで必要となってくるのでこれらも求めておこう。

$g_3 = \alpha^3 + \alpha^5 + \alpha^{12} + \alpha^{14}$
$g_4 = \alpha^6 + \alpha^7 + \alpha^{10} + \alpha^{11}$

これらを根とする方程式を求める。

$g_3 + g_4$
$= \alpha^3 + \alpha^5 + \alpha^{12} + \alpha^{14} + \alpha^6 + \alpha^7 + \alpha^{10} + \alpha^{11}$
$= \alpha^{14} + \alpha^{12} + \alpha^{11} + \alpha^{10} + \alpha^7 + \alpha^6 + \alpha^5 + \alpha^3$
$= f_2$

$g_3 \cdot g_4$
$= \alpha^{16} + \alpha^{15} + \alpha^{14} + \alpha^{13} + \alpha^{12} + \alpha^{11} + \alpha^{10} + \alpha^9 + \alpha^8$
$\quad + \alpha^7 + \alpha^6 + \alpha^5 + \alpha^4 + \alpha^3 + \alpha^2 + \alpha$
$= -1$

したがってこれらを2根とする方程式は

$\therefore t^2 - f_2 t - 1 = 0$
$\rightarrow t^2 - \dfrac{-1 - \sqrt{17}}{2} t - 1 = 0$

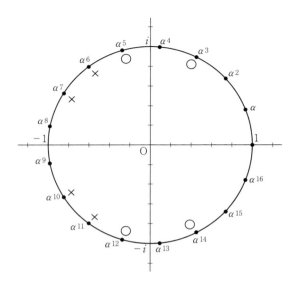

図3-22

g_3の項に○、g_4の項に×を振った。

$g_3 > g_4$ なので、

$$g_3 = \frac{-1-\sqrt{17}+\sqrt{34+2\sqrt{17}}}{4}$$

$$g_4 = \frac{-1-\sqrt{17}-\sqrt{34+2\sqrt{17}}}{4}$$

③の④による剰余類を求める。

$4 \times \{1、16\} = \{4、64 \equiv 13\} = \{4、13\}$

したがって剰余類群は、

[{1、16}、{4、13}]

④によって変わらない式をh_1とし、その共役をh_2とする。

第 3 章　円の分割を定める方程式

$$h_1 = \alpha^{16} + \alpha$$
$$h_2 = \alpha^{13} + \alpha^{4}$$

これらを 2 根とする方程式を求める。

$$h_1 + h_2 = \alpha^{16} + \alpha + \alpha^{13} + \alpha^{4} = g_1$$
$$h_1 \cdot h_2 = (\alpha^{16} + \alpha)(\alpha^{13} + \alpha^{4}) = \alpha^{14} + \alpha^{12} + \alpha^{5} + \alpha^{3}$$
$$= g_3$$

したがって

$$t^2 - g_1 t + g_3 = 0$$

$$t^2 - \frac{-1 + \sqrt{17} + \sqrt{34 - 2\sqrt{17}}}{4} \, t + \frac{-1 - \sqrt{17} + \sqrt{34 + 2\sqrt{17}}}{4} = 0$$

$$4t^2 - (-1 + \sqrt{17} + \sqrt{34 - 2\sqrt{17}}) \, t + (-1 - \sqrt{17} + \sqrt{34 + 2\sqrt{17}}) = 0$$

公式を使って解く。

$$t =$$

$$\frac{-1 + \sqrt{17} + \sqrt{34 - 2\sqrt{17}} \pm \sqrt{(-1 + \sqrt{17} + \sqrt{34 - 2\sqrt{17}})^2 - 4 \times 4 \times (-1 - \sqrt{17} + \sqrt{34 + 2\sqrt{17}})}}{8}$$

$$= \frac{1}{8} \Bigl(-1 + \sqrt{17} + \sqrt{34 - 2\sqrt{17}}$$
$$\pm \sqrt{68 + 12\sqrt{17} - 16\sqrt{34 + 2\sqrt{17}} - 2(1 - \sqrt{17})\sqrt{34 - 2\sqrt{17}}} \, \Bigr)$$

この式の最後の部分は、

$$\sqrt{\frac{34 + 2\sqrt{17}}{34 - 2\sqrt{17}}} = \sqrt{\frac{17 + \sqrt{17}}{17 - \sqrt{17}}} = \sqrt{\frac{(17 + \sqrt{17})^2}{(17 - \sqrt{17})(17 + \sqrt{17})}}$$

$$= \sqrt{\frac{306 + 34\sqrt{17}}{272}} = \frac{\sqrt{18 + 2\sqrt{17}}}{4} = \frac{1 + \sqrt{17}}{4}$$

となることを利用すると次のように変形できる。

$$-16\sqrt{34 + 2\sqrt{17}} - 2(1 - \sqrt{17})\sqrt{34 - 2\sqrt{17}}$$

$$= \sqrt{34-2\sqrt{17}} \left(\frac{-16\sqrt{34+2\sqrt{17}}}{\sqrt{34-2\sqrt{17}}} -2+2\sqrt{17} \right)$$

$$= \sqrt{34-2\sqrt{17}} \{-4(1+\sqrt{17})-2+2\sqrt{17}\}$$

$$= -2\sqrt{34-2\sqrt{17}}(3+\sqrt{17})$$

$$= -2\sqrt{(34-2\sqrt{17})(3+\sqrt{17})^2}$$

$$= -2\sqrt{680+152\sqrt{17}}$$

$$= -4\sqrt{170+38\sqrt{17}}$$

したがって

$$t = \frac{1}{8}\left(-1+\sqrt{17}+\sqrt{34-2\sqrt{17}} \pm \sqrt{68+12\sqrt{17}-4\sqrt{170+38\sqrt{17}}}\right)$$

$$= \frac{1}{8}\left(-1+\sqrt{17}+\sqrt{34-2\sqrt{17}} \pm 2\sqrt{17+3\sqrt{17}-\sqrt{170+38\sqrt{17}}}\right)$$

また明らかに$h_1 > h_2$なので、

$$h_1 = \frac{1}{8}\left(-1+\sqrt{17}+\sqrt{34-2\sqrt{17}}+2\sqrt{17+3\sqrt{17}-\sqrt{170+38\sqrt{17}}}\right)$$

$$h_2 = \frac{1}{8}\left(-1+\sqrt{17}+\sqrt{34-2\sqrt{17}}-2\sqrt{17+3\sqrt{17}-\sqrt{170+38\sqrt{17}}}\right)$$

$h_1 = \alpha^{16}+\alpha$ であり、$\alpha^{16} \cdot \alpha = \alpha^{17} = 1$なので、$\alpha^{16}$と$\alpha$を根とする2次方程式は次のようになる。

$$t^2 - h_1 t + 1 = 0$$

これを解けばいいのだが、よく見るとその必要はなさそうだ。

$$h_1 = \alpha^{16}+\alpha$$

$$= \cos\frac{32\pi}{17} + i\sin\frac{32\pi}{17} + \cos\frac{2\pi}{17} + i\sin\frac{2\pi}{17}$$

$$= \cos\left(-\frac{2\pi}{17}\right) + i\sin\left(-\frac{2\pi}{17}\right) + \cos\frac{2\pi}{17} + i\sin\frac{2\pi}{17}$$

$$= \cos\frac{2\pi}{17} - i\sin\frac{2\pi}{17} + \cos\frac{2\pi}{17} + i\sin\frac{2\pi}{17}$$

$$= 2\cos\frac{2\pi}{17}$$

したがって、

$$\cos\frac{2\pi}{17}$$

$$= \frac{1}{16}\left(-1+\sqrt{17}+\sqrt{34-2\sqrt{17}}+2\sqrt{17+3\sqrt{17}-\sqrt{170+38\sqrt{17}}}\right)$$

あとは$\sin^2\theta + \cos^2\theta = 1$を利用して$\sin\frac{2\pi}{17}$を求めればいい。

また、

$$h_3 = \alpha^2 + \alpha^{15}$$
$$h_4 = \alpha^8 + \alpha^9$$

とおけば、

$$h_3 + h_4 = g_2$$
$$h_3 \cdot h_4 = 2h_1$$

したがって、

$$t^2 - g_2 t + 2h_1 = 0$$

を解けばh_3, h_4を求めることができる。

同様にして、

$$h_5 = \alpha^3 + \alpha^{14}$$
$$h_6 = \alpha^5 + \alpha^{12}$$

とおけば、

$$h_5 + h_6 = g_3$$
$$h_5 \cdot h_6 = 2h_3$$

同様にして、

$$h_7 = \alpha^6 + \alpha^{11}$$

$$h_8 = \alpha^7 + \alpha^{10}$$

とおけば、

$$h_7 + h_8 = g_4$$
$$h_7 \cdot h_8 = 2h_4$$

これによって$h_1 \sim h_8$がすべて求まり、これはすべての$\cos\dfrac{2n\pi}{17}$の2倍をあらわしている。

ということで、計算はこのあたりまでにしておこう。ガウスも累乗根による表示は$\cos\dfrac{2\pi}{17}$だけで、$\alpha \sim \alpha^{16}$については小数展開を掲載している。なお、ガウスは最後の表示の部分、おそらく数値計算の便を考えてもうひと工夫しているが、ここでは必要ないだろう。

しかしガウスによるこの小数展開には驚かざるをえない。小数点以下10位まで記されているのだ。念のためコンピュータで確かめてみたが、最後の桁の四捨五入まで含めて、ひとつの間違いもなかった。オイラーやガウスの著作を見ると、数学者として云々という以前に、その人間離れした計算能力に驚いてしまう。

　1の17乗根の解法を見ればわかるとおり、素数個の頂点を持つ正多角形の頂点が平方根だけであらわされるためには、頂点の数が2^n+1という形の素数である必要がある。

2^n+1という形の数を少し並べてみよう。

　　　3、5、9、17、33、65、129、257、513、1025、2049、
　　　4097、8193、16385、32769、65537、131073、
　　　262145、524289、1048577、…

このうち素数は、

　　　3、5、17、257、65537

だけである。意外に少ない。実は、2^n+1が素数であるためには、nが2の累乗であるということが必要条件なのである。

$f(x) = x^n + 1$でnが奇数の場合、$f(-1) = 0$である。したがって$x^n + 1$は$x + 1$で割り切れる。

$2^n + 1$で、nが奇素数を素因数として持つとしよう。つまり

$\quad n = pq \qquad p$は奇素数

すると、

$\quad 2^n + 1 = 2^{pq} + 1 = (2^q)^p + 1$

となり、これは$2^q + 1$で割り切れる。したがって素数ではない、ということになる。

だから$2^n + 1$の形であらわされる数が素数ならば、$n = 2^m$だということになる。

この形の数はフェルマー数と呼ばれている。

$\quad F_m = 2^{2^m} + 1$

先に記した3、5、17、257、65537はそれぞれF_0、F_1、F_2、F_3、F_4をあらわしている。フェルマーはこれらの数が素数であることを確認し、それ以後も素数が続くものと予想した。

ところがその後、オイラーがF_5について、次の事実を発見したのである。

$F_5 = 4294967297 = 641 \times 6700417$

その後現在に至るまで、コンピュータによって非常に大きなフェルマー数まで確認されたが、素数は発見されていない。このフェルマーの予想ははずれであった。F_5以降のフェルマー数に素数が存在するのかどうかはわかっていない。つまり、コンパスと定規で作図できる素数個の頂点を持つ正多角形で現在確認されているのは、この5つだけということに

なる。

　これでめでたしめでたしというところだが、まだ話が残っている。

　リヒェロート（1808〜1875）という数学者が、なんと正257角形について詳しく研究し、80ページを超える論文として発表した、というのだ。リヒェロートはヤコビの後継者としてのちにケーニヒスベルク大学教授になった人物だという。

　なんという執念、まったく数学者というものは、とあいた口がふさがらない思いだが、上には上がいた。

　リンデン市でギムナジウムの教授をしていたヘルメス（1846〜1912）という人が、正65537角形について完全に計算をしたというのだ。論文は膨大なものとなり、雑誌に要約が発表されただけだったが、原文はマニュスクリプトの形でゲッチンゲン大学にいまも保存されており、閲覧可能だそうだ。

　半径100mの円周上に描いたとしても、正65537角形の1辺の長さはわずか9.6mmほどに過ぎない。

第4章

一般の方程式

4-0 対称群

　第1章で扱った2項方程式のガロア群は$\mathbf{Z}/p\mathbf{Z}$の加法群、前章で扱った円周等分方程式のガロア群は$\mathbf{Z}/p\mathbf{Z}^*$の乗法群と同型だったが、一般の方程式の場合、そのガロア群はもっと一般の置換群となる。もっとも、2項方程式にしても円周等分方程式にしても根の置換をしていることには変わりはないので、置換群ではあるのだが、置換群全体の部分群に過ぎない。一般の方程式を扱う場合は、置換群全体を扱わなくてはならなくなる。

　n個の元の置換をすべて集めた集合をn次対称群といい、S_nであらわす。nが有限であれば、その置換も当然有限なので、S_nは有限群だ。n個の元の置換というのは、要するにn個の元を並び替えることを意味しているので、置換の数は

　　$n!$

個となる。小さい方から対称群の位数を並べてみよう。

　　$S_1 \to 1! = 1$
　　$S_2 \to 2! = 2$
　　$S_3 \to 3! = 6$
　　$S_4 \to 4! = 24$
　　$S_5 \to 5! = 120$
　　$S_6 \to 6! = 720$
　　$S_7 \to 7! = 5040$
　　$S_8 \to 8! = 40320$
　　$S_9 \to 9! = 362880$
　　$S_{10} \to 10! = 3628800$

第4章 一般の方程式

ごらんのとおり、対称群の位数は爆発的に増加する。もう少し続けてみよう。

$S_{20} \to 20! = 2432902008176640000$

$S_{30} \to 30! = 265252859812191058636308480000000$

$S_{40} \to 40! = 815915283247897734345611269596115894272000000000$

ここらでやめておいた方が身のためだろう。2次方程式に比べて3次方程式が非常に複雑であり、さらに4次方程式は格段に複雑になり、5次方程式になると手に負えなくなるというのも、このせいなのだ。

S_3の元を並べてみよう。全部で6つだ。

$\varepsilon = \begin{pmatrix} 1\ 2\ 3 \\ 1\ 2\ 3 \end{pmatrix} = (\quad)$ 　　単位元

$\begin{pmatrix} 1\ 2\ 3 \\ 2\ 1\ 3 \end{pmatrix} = (1\ 2)$

$\begin{pmatrix} 1\ 2\ 3 \\ 3\ 2\ 1 \end{pmatrix} = (1\ 3)$

$\begin{pmatrix} 1\ 2\ 3 \\ 1\ 3\ 2 \end{pmatrix} = (2\ 3)$

$\begin{pmatrix} 1\ 2\ 3 \\ 2\ 3\ 1 \end{pmatrix} = (1\ 2\ 3)$

$\begin{pmatrix} 1\ 2\ 3 \\ 3\ 1\ 2 \end{pmatrix} = (1\ 3\ 2)$

以後、右側のような巡回置換をあらわす表記を使うことにする。

対称群と、これまで扱ってきた$\mathbf{Z}/p\mathbf{Z}$の加法群、$\mathbf{Z}/p\mathbf{Z}^*$の乗法群とのもっとも顕著な違いは、対称群が不可換群だとい

う点だ。

$\mathbf{Z}/p\mathbf{Z}$の加法群の場合、たとえばmod 7で、

$\quad 4+5 \equiv 5+4 \equiv 2$

で交換しても変わらない。$\mathbf{Z}/p\mathbf{Z}^*$の乗法群でも同様だ。

$\quad 4 \cdot 5 \equiv 5 \cdot 4 \equiv 6 \qquad \text{mod } 7$

しかし対称群の場合はそうはいかない。たとえばS_3で、

$\quad (1 \ \ 2)(1 \ \ 3 \ \ 2) = (2 \ \ 3)$

$\quad\quad 1 \to 2 \to 1、2 \to 1 \to 3、3 \to 2$

$\quad (1 \ \ 3 \ \ 2)(1 \ \ 2) = (1 \ \ 3)$

$\quad\quad 1 \to 3、2 \to 1 \to 2、3 \to 2 \to 1$

とこのように結果が違ってくるのだ。もちろん交換しても結果が同じ場合もあるが、ほとんどは結果が違ってくる。高校までに学ぶ演算のうち、不可換なものとしては行列の積があったが、それと同じように、対称群の演算も、その順番を常に気にしなければならない。

なお、数学書によっては、置換群の演算を右から実行するように記しているものもあるが、本書では左から実行するようにする。

話は逸れるが、ひとつの演算で閉じている集合が群、足し算、引き算、かけ算、割り算で閉じている集合が体であったが、その中間にある、足し算、引き算、かけ算だけで閉じている集合を環と呼んでいる。たとえば整数の集合$\mathbf{Z}$は環だ。明らかに足し算、引き算、かけ算では閉じているが、割り算では閉じていない。

$\mathbf{Z}$のように交換可能な環を可換環、交換不可能な環を不可換環という。数学科の学生が喫茶店で環について議論していたのだが、カカンカンカカンカンフカカンカン……などとわ

第 4 章　一般の方程式

めきちらし、ウエイトレスに気持ち悪がられた、という笑い話がある。

　また交換可能な群を可換群というが、特別にアーベル群という名前が付いている。アーベルは何次であっても代数的に解ける一群の方程式を発見したが、その群は可換群だった。それにちなんだ命名だ。

4-1　正規部分群

　一般の2次方程式のガロア群はS_2でその位数は2、可換群なので調べる必要もないだろう。

　一般の3次方程式のガロア群はS_3でその位数は6、2から6に跳ね上がった位数がいかに方程式を複雑にしてしまったか、3次方程式の根の公式の複雑さにうんざりした人は実感しているはずだ。

　例によって、S_3の部分群を探してみよう。まずは(1　2)の位数から。

$$(1\ 2) \to (1\ 2)^2 = \varepsilon$$

位数は2。$\{\varepsilon 、(1\ 2)\}$ が部分群となる。ではこの剰余類を求めてみよう。

$$(1\ 3)\{\varepsilon 、(1\ 2)\} = \{(1\ 3)\varepsilon 、(1\ 3)(1\ 2)\}$$
$$= \{(1\ 3) 、(1\ 3\ 2)\}$$
$$(2\ 3)\{\varepsilon 、(1\ 2)\} = \{(2\ 3)\varepsilon 、(2\ 3)(1\ 2)\}$$
$$= \{(2\ 3) 、(1\ 2\ 3)\}$$

6個の置換が出てきたので、これでおしまい。

　対称群は演算の順番に気をつける必要があるから、右からもかけてみよう。

$$\{\varepsilon、(1\ 2)\}(1\ 3) = \{\varepsilon(1\ 3)、(1\ 2)(1\ 3)\}$$
$$= \{(1\ 3)、(1\ 2\ 3)\}$$
$$\{\varepsilon、(1\ 2)\}(2\ 3) = \{\varepsilon(2\ 3)、(1\ 2)(2\ 3)\}$$
$$= \{(2\ 3)、(1\ 3\ 2)\}$$

よく見てほしい。何と左からかける場合(これを左剰余類という)と、右からかける場合(右剰余類)とでは、剰余類が異なるのだ。

これは困った事態だ。剰余類が剰余類群にならないということを意味しているからだ。

群というからには、それぞれの元が硬い玉のように行動しなければならない。玉が壊れてしまうなど、もってのほかだ。しかし元を右からかける場合と左からかける場合とでは剰余類が異なるということは、演算の過程で剰余類が壊れてしまうことを意味している。

ガロアは死の前日に認めた、友人であるオーギュスト・シュヴァリエに宛てた遺書の中で、方程式の群が分解される様子を説明しながら、次のようなことを述べている。

群Gが群Hを含むとき、群Gは

$G = H + HS + HS' + \cdots$

と分解され、また

$G = H + TH + T'H + \cdots$

とも分解される。この2通りの分解は通常は一致しない、と。

まさにこの場合だ。そしてこの場合、剰余類が群にならないので、方程式の群としての分解は起こらない。

ガロアは、この2通りの分解が一致するとき「固有分解」が起こる、と言った。「固有分解」が起こる瞬間をお目にか

けよう。

(1 2 3)の位数を確認する。

$$(1\ 2\ 3) \to (1\ 2\ 3)^2 = (1\ 3\ 2) \to (1\ 2\ 3)^3 = \varepsilon$$

(1 2 3)の位数は3で、これを含む最小の群はこうなる。

$\{\varepsilon、(1\ 2\ 3)、(1\ 3\ 2)\}$

左剰余類を作る。

(1 2)$\{\varepsilon、(1\ 2\ 3)、(1\ 3\ 2)\}$
= $\{(1\ 2)\varepsilon、(1\ 2)(1\ 2\ 3)、(1\ 2)(1\ 3\ 2)\}$
= $\{(1\ 2)、(1\ 3)、(2\ 3)\}$

6つの元が出てきたからこれで終わり。

今度は右剰余類だ。

$\{\varepsilon、(1\ 2\ 3)、(1\ 3\ 2)\}$ (1 2)
= $\{\varepsilon(1\ 2)、(1\ 2\ 3)(1\ 2)、(1\ 3\ 2)(1\ 2)\}$
= $\{(1\ 2)、(2\ 3)、(1\ 3)\}$

それぞれの剰余類は完全に一致する。

もう少し一般的に考えてみよう。

群Hが群Gの真部分群であるとする。Hに含まれないGの任意の元αを含む左剰余類は

αH

である。またαを含む右剰余類は

$H\alpha$

となる。これが一致するのだから、

$\alpha H = H\alpha$

すべての元についてこのことが成立するとき、剰余類同士をかけあわせるとどうなるだろうか。αHとβHをかけあわせてみよう。

  $\alpha H \beta H$ $H\beta = \beta H$なのでβをHの前に持ってく
        る。
 $= \alpha \beta HH$ Hは群なので、$HH = H$。
 $= \alpha \beta H$ α、βはGの元なので、$\alpha\beta$もGの
        元。これをγとする。
 $= \gamma H$

 αH、βHをかけあわせると、γHという剰余類になる。つまり剰余類はこの演算で群になる。剰余類群である。

 Hによる剰余類が群となることの必要十分条件は、すべてのGの元αについて

  $\alpha H = H\alpha$

が成り立つことである。この式の両辺に右からα^{-1}をかけて、

  $\alpha H \alpha^{-1} = H \alpha \alpha^{-1} = H$

と変形して、これを条件としている本もある。同じようにα^{-1}を左からかけると、

  $\alpha^{-1} H \alpha = H$

 Hがこの条件を満たしているとき、Hを正規部分群という。Hが正規部分群であれば、その剰余類は剰余類群となる。

 この条件を見ればわかるとおり、アーベル群ではすべての部分群が正規部分群となる。これまで$\mathbf{Z}/p\mathbf{Z}$の加法群や、$\mathbf{Z}/p\mathbf{Z}^*$の乗法群で、正規部分群であるかどうかを気にしなかったのはそのせいだ。しかし不可換群である対称群では、部分群が正規部分群であるかどうかは重要なポイントになる。

第 4 章 一般の方程式

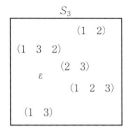
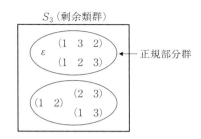

図4-0 3次対称群 S_3

この正規部分群の位数は3で、それより小さい部分群は単位群だけとなる。剰余類群の位数は3で、素数だ。

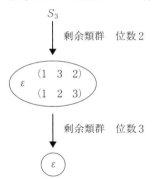

図4-1 S_3の分解

一般の3次方程式のガロア群であるS_3は先に述べたように分解される。したがって3次方程式は$X^2 = A$、$X^3 = B$という形の方程式を順々に解いていけば解ける。

やってみよう。

方程式を次のように定める。

$$x^3 - px^2 + qx - r = 0 \qquad p、q、r は有理数$$

この方程式の3根をx_1、x_2、x_3とすると、p、q、rはこうなる。

$$p = x_1 + x_2 + x_3$$
$$q = x_1 x_2 + x_2 x_3 + x_3 x_1$$
$$r = x_1 x_2 x_3$$

ラグランジュの分解式Vを作ろう。1の原始3乗根をωとする。

$$V = x_1 + \omega x_2 + \omega^2 x_3$$

基礎体は有理数体$\mathbf{Q}$にωを添加した$\mathbf{Q}(\omega)$となる。

ガロア群の置換によってVがどう変わるか見ていこう。

$\varepsilon : V \to V$

$(1\ 2\ 3) : V \to x_2 + \omega x_3 + \omega^2 x_1 \to \omega^2(x_1 + \omega x_2 + \omega^2 x_3)$
$\qquad\qquad = \omega^2 V$

$(1\ 3\ 2) : V \to x_3 + \omega x_1 + \omega^2 x_2 \to \omega(x_1 + \omega x_2 + \omega^2 x_3)$
$\qquad\qquad = \omega V$

$(2\ 3) : V \to x_1 + \omega x_3 + \omega^2 x_2 \qquad$ これをWとしよう。

$(1\ 2) : V \to x_2 + \omega x_1 + \omega^2 x_3 = \omega(x_1 + \omega x_3 + \omega^2 x_2)$
$\qquad\qquad = \omega W$

$(1\ 3) : V \to x_3 + \omega x_2 + \omega^2 x_1 = \omega^2(x_1 + \omega x_3 + \omega^2 x_2)$
$\qquad\qquad = \omega^2 W$

正規部分群の置換では、VはV、ωV、$\omega^2 V$のどれかに変化する。Wも調べてみればわかるが、W、ωW、$\omega^2 W$に変化する。

ところが、

$$V^3 = (\omega V)^3 = (\omega^2 V)^3$$

第 4 章　一般の方程式

$$W^3 = (\omega W)^3 = (\omega^2 W)^3$$

であるから、V^3、W^3は正規部分群の置換では変化しない。

また正規部分群でない剰余類では、VはW、ωW、$\omega^2 W$のどれか、WはV、ωV、$\omega^2 V$のどれかに変化するので、V^3、W^3は入れ替わる。

ではまずV^3とW^3を求めてみよう。

V^3とW^3はすべての置換で変わらないか、入れ替わるだけなので、その対称式は変わらない。つまり基礎体に含まれる。だからx_1、x_2、x_3の対称式であらわすことができるはずだ。

実際の計算は少々面倒だが、x_1、x_2、x_3の対称式であらわすことができるとわかっていれば、やる気も出てくる。

まずは$V^3 + W^3$からだ。

$$V^3 + W^3 = (x_1 + \omega x_2 + \omega^2 x_3)^3 + (x_1 + \omega x_3 + \omega^2 x_2)^3$$

展開すると大変なことになるが、$\omega^2 + \omega + 1 = 0$なので$\omega$が消えてしまい、最後は因数分解できる。

$$V^3 + W^3 = -(x_1 + x_2 - 2x_3)(x_2 + x_3 - 2x_1)(x_2 + x_1 - 2x_3)$$

これをp、q、rであらわすと、

$$V^3 + W^3 = 2p^3 - 9pq + 27r$$

V^3とW^3はせいぜい入れ替わるだけなので、$(V^3 - W^3)^2$は対称式となる。

$$(V^3 - W^3)^2 = \{(x_1 + \omega x_2 + \omega^2 x_3)^3 - (x_1 + \omega x_3 + \omega^2 x_2)^3\}^2$$

この展開はさらにとんでもないことになるが、やはり$\omega^2 + \omega + 1 = 0$で$\omega$が消え、最後はかなりきれいな形になる。

$$(V^3 - W^3)^2 = -27(x_1 - x_2)^2(x_2 - x_3)^2(x_3 - x_1)^2$$

p、q、rであらわそう。

$$(V^3 - W^3)^2 = 108p^3r - 27p^2q^2 - 486pqr + 108q^3 + 729r^2$$

$$= 9(12p^3r - 3p^2q^2 - 54pqr + 12q^3 + 81r^2)$$

　この平方根が$V^3 - W^3$となる。平方根は＋と－のふたつ出てくるが、V^3とW^3は平等なのでどちらを取ってもよい。ここでは、＋の方の平方根を$V^3 - W^3$としておこう。

　$V^3 - W^3$はV^3、W^3についてのラグランジュの分解式だ。ここで平方根を用いて解くことができたのは、S_3の最初の剰余類群の位数が2だったからだ。

　ついでに、あとで必要になってくるので、VWも求めておこう。

$$VW = p^2 - 3q$$

V^3とW^3は、$V^3 + W^3$と$V^3 - W^3$の和と差の$\frac{1}{2}$だ。したがって、

$$V^3 = \frac{1}{2}(2p^3 - 9pq + 27r \\ + 3\sqrt{12p^3r - 3p^2q^2 - 54pqr + 12q^3 + 81r^2})$$

$$W^3 = \frac{1}{2}(2p^3 - 9pq + 27r \\ - 3\sqrt{12p^3r - 3p^2q^2 - 54pqr + 12q^3 + 81r^2})$$

　ここで3乗根を求めるのは、S_3の最後の剰余類群の位数が3であるからだ。

　あとはこの3乗根を求め、$VW = p^2 - 3q$となる組（3組ある）をVとWとすれば、根は

$$x = \frac{p + V + W}{3}$$

で求まる。

　複雑な計算をしているように見えるが、Vを求めるという方針はカルダノの公式と同じだ（正確に言うと、カルダノの公式はVではなく$\frac{1}{3}V$を求めている）。

カルダノの公式はまず、

$$x^3 - px^2 + qx - r = 0$$

に

$$x = y + \frac{p}{3}$$

を代入して、x^2の項を消すことを要求している。代入した方程式を

$$x^3 + sx + t = 0$$

とすれば、

$$s = q - \frac{p^2}{3}$$

$$t = \frac{-2p^3 + 9pq - 27r}{27}$$

となるので、カルダノの公式にこれを代入すると、上の式と同じになる。

> **可換群**：交換法則が成り立つ群。
> **不可換群**：交換法則が成り立たない群。
> **アーベル群**：可換群。
> **正規部分群**：群Gの部分群Hが、Gのすべての元αについて、$\alpha H = H\alpha$が成り立つとき、Hを正規部分群という。正規部分群による剰余類は群になる。

4-2 ガロアの対応

第2章で見たとおり、ガロア群の位数が素数pであれば、ラグランジュの分解式を活用して、その方程式を$X^p = A$という方程式に帰着させることができる。

円周等分方程式の場合、そのガロア群は$\mathbb{Z}/p\mathbb{Z}^*$の乗法群に同型で、部分群を単位群まで縮小していく過程で剰余類群の位数が素数であるようにできる。剰余類群の位数がp、q、r、…であれば、$X^p=A$、$X^q=B$、$X^r=C$、…という方程式に帰着される。

　一般の方程式の場合は、ガロア群が不可換群なので、剰余類が群となるためには、部分群が正規部分群である必要がある。一般の3次方程式のガロア群はS_3なので、剰余類群の位数がすべて素数であるような、正規部分群の列が存在する。

　このように、単位元にいたる正規部分群の列で、剰余類群の位数がすべて素数であるようなものが存在するとき、その群を可解群という。ガロア群が可解群であれば、その方程式は代数的に解けるのである。

　一般の数学書では、可解群について普通もう少しゆるい定義を与えているが、本質的には同じことなので、この定義を採用する。

　また、上記のような正規部分群の列が存在しないとき、その群を非可解群という。方程式のガロア群が非可解群であれば、その方程式を代数的に解くことはできない。

　図4-2にあるように、ひとつの群に対して、その群の置換で変わらない体が存在する。逆に、係数体からガロア拡大体へいたる中間にある体には、その体の元を変えない置換の群が存在する。

　これをガロアの対応という。

第 4 章　一般の方程式

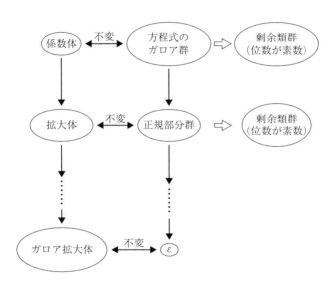

図4-2　ガロアの対応

4-3 一般の4次方程式

一般の4次方程式のガロア群を分析してみよう。このガロア群は4次の対称群S_4になる。S_4の位数は$4! = 4 \times 3 \times 2 \times 1 = 24$と、$S_3$の4倍にもなり、$S_3$のようにひとつひとつ調べるというやり方ではちょっとしんどい。群論的な接近を試みよう。

置換の最小単位は、ふたつのものをとりかえる置換で、これを互換と呼ぶ。S_4の互換は次の6つだ。

(1 2)、(1 3)、(1 4)、(2 3)、(2 4)、(3 4)

前に述べたとおり、すべての置換は同じ文字を含まない巡回置換の積であらわすことができるが、次のようにしてすべての巡回置換は互換の積であらわすことができる。

$(1 \ 2 \ 3 \ \cdots \ n) = (1 \ 2)(1 \ 3)(1 \ 4)\cdots(1 \ n)$

少し説明を加えると

・1は最初の互換で1→2となり、2はもう登場しない。

・2は最初の互換で2→1となり、次の互換で1→3、3はそれ以後登場しない。

・3は2番目の互換で3→1となり、次の互換で1→4、4はそれ以後登場しない。

　　　$\vdots$

・kは$k-1$番目の互換でk→1となり、次の互換で1→$k+1$、$k+1$はそれ以後登場しない。

　　　$\vdots$

したがって、すべての置換は互換の積であらわすことができる。少し考えればわかるが、ある置換が偶数個の互換であ

らわされるか、奇数個の互換であらわされるかは決まっており、同じ置換が同時に偶数個の互換、奇数個の互換であらわされることはない。

偶数個の互換に分解できる置換を偶置換、奇数個の互換に分解できる置換を奇置換という。

  偶置換×偶置換→偶置換

  偶置換×奇置換→奇置換

  奇置換×偶置換→奇置換

  奇置換×奇置換→偶置換

これは明らかだろう。すべての奇置換の集まりは、群にならない。しかしすべての偶置換の集まりは群になる。もちろん単位元は0個(0は偶数)の互換の積なので偶置換だ。

S_n のすべての偶置換の集合を n 次の交代群といい、A_n であらわす。A_n による剰余類はすべての奇置換の集まりで、A_n 以外の剰余類の個数は1個しかないことになる。つまりガロア流に書けば、

  $S_n = A_n + \alpha A_n$

  $S_n = A_n + A_n \alpha$

となりこれは一致する。相手がひとつしかないので、一致せざるをえない。つまり A_n は正規部分群であり、その剰余類群の位数は2だ。

実は S_3 の正規部分群は、何を隠そう、交代群 A_3 なのだ。

S_3 の正規部分群は $\{\varepsilon 、(1\ \ 2\ \ 3)、(1\ \ 3\ \ 2)\}$ だったが、

  $(1\ \ 2\ \ 3) = (1\ \ 2)(1\ \ 3)$

  $(1\ \ 3\ \ 2) = (1\ \ 3)(1\ \ 2)$

となり、偶置換だ。ここで示したように、長さ3の巡回置換はすべて偶置換になる。

S_4の正規部分群である4次交代群A_4を探そう。まずεと、同じ文字を含まないふたつの互換の積が偶置換だ。

ε
(1 2)(3 4)
(1 3)(2 4)
(1 4)(2 3)

同じ文字を含まない巡回置換の場合、積の順番は関係ないので、これだけだ。また長さ3の巡回置換も偶置換になる。

(1 2 3)
(1 3 2)
(1 2 4)
(1 4 2)
(1 3 4)
(1 4 3)
(2 3 4)
(2 4 3)

これで12個となったので、A_3のメンバーが揃ったわけだ。

次はA_3の正規部分群を探そう。A_3の元はたかだか12個なので、適当に計算していけば正規部分群を見つけることはそれほど難しくはない。理論的に求めることもできるが、群論を極めるのが本書の目的ではないので、結論だけ示しておこう。A_3の正規部分群は次のHである。

$H = \{\varepsilon$、(1 2)(3 4)、(1 3)(2 4)、(1 4)(2 3)$\}$

Hが正規部分群であることを確かめておこう。まず左剰余類を求める。(1 2 3)を左からかける。

(1 2 3)ε = (1 2 3)

第4章 一般の方程式

$(1\ 2\ 3)(1\ 2)(3\ 4) = (2\ 4\ 3)$
　　　　　$(1→2→1、2→3→4、3→1→2、4→3だから)$
$(1\ 2\ 3)(1\ 3)(2\ 4) = (1\ 4\ 2)$
$(1\ 2\ 3)(1\ 4)(2\ 3) = (1\ 3\ 4)$

したがって左剰余類のひとつは

　$\{(1\ 2\ 3)、(2\ 4\ 3)、(1\ 4\ 2)、(1\ 3\ 4)\}$

ここまで出てこなかった$(1\ 2\ 4)$をかけよう。

$(1\ 2\ 4)\varepsilon = (1\ 2\ 4)$
$(1\ 2\ 4)(1\ 2)(3\ 4) = (2\ 3\ 4)$
$(1\ 2\ 4)(1\ 3)(2\ 4) = (1\ 4\ 3)$
$(1\ 2\ 4)(1\ 4)(2\ 3) = (1\ 3\ 2)$

もうひとつの左剰余類は

　$\{(1\ 2\ 4)、(2\ 3\ 4)、(1\ 4\ 3)、(1\ 3\ 2)\}$

次に右剰余類を求める。右から$(1\ 2\ 3)$をかける。

$\varepsilon(1\ 2\ 3) = (1\ 2\ 3)$
$(1\ 2)(3\ 4)(1\ 2\ 3) = (1\ 3\ 4)$
$(1\ 3)(2\ 4)(1\ 2\ 3) = (2\ 4\ 3)$
$(1\ 4)(2\ 3)(1\ 2\ 3) = (1\ 4\ 2)$

ひとつの右剰余類は

　$\{(1\ 2\ 3)、(1\ 3\ 4)、(2\ 4\ 3)、(1\ 4\ 2)\}$

今度は$(1\ 2\ 4)$を右からかける。

$\varepsilon(1\ 2\ 4) = (1\ 2\ 4)$
$(1\ 2)(3\ 4)(1\ 2\ 4) = (1\ 4\ 3)$
$(1\ 3)(2\ 4)(1\ 2\ 4) = (1\ 3\ 2)$
$(1\ 4)(2\ 3)(1\ 2\ 4) = (2\ 3\ 4)$

もうひとつの右剰余類は

　$\{(1\ 2\ 4)、(1\ 4\ 3)、(1\ 3\ 2)、(2\ 3\ 4)\}$

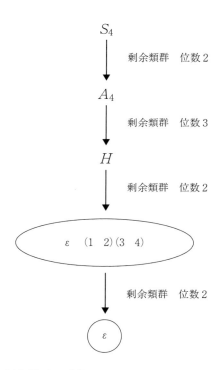

図4-3 4次対称群 S_4 の分解

第 4 章　一般の方程式

　左剰余類と右剰余類が一致したので、H は正規部分群だ。
H の元の位数は、ε 以外はどれも 2 だ。だから、

　　$\{\varepsilon、(1\ 2)(3\ 4)\}$
　　$\{\varepsilon、(1\ 3)(2\ 4)\}$
　　$\{\varepsilon、(1\ 4)(2\ 3)\}$

はすべて部分群になり、その剰余類はひとつしか出てこない。だからどれもが正規部分群になる。

　これらの正規部分群の位数は 2 なので、それより小さい部分群は $\{\varepsilon\}$ だけとなる。

　S_4 は図 4-3 のように分解されるので可解群だ。したがって一般の 4 次方程式は代数的に解くことができる。

　一般の 4 次方程式は、$X^2=A$、$X^3=B$、$X^2=C$、$X^2=D$ という方程式を順に解いていくことによって、解けるのである。

4-4　一般の 5 次方程式

　方程式を代数的に解くことができるかどうかは、その方程式のガロア群を分析すればわかる。では一般の 5 次方程式のガロア群、S_5 を分析してみよう。

　しかし S_5 の位数は $5!=120$、全部書き並べて分析するわけにもいかない。拙著『13 歳の娘に語るガロアの数学』では、S_5 の元をなんとか分類して、可解群でないことを示したが、120 個の元を相手にするのだから、かなり大変な作業だった。そこでここは、群論を使ってちょっとかっこよく解決することにする。

①群 N が群 G の正規部分群であるとする。そしてその剰余類群を $\{N、\alpha N、\beta N、\cdots\}$ としよう。G の元 a、b は当然 $\{N、\alpha N、\beta N、\cdots\}$ のどこかにいるわけだから、a は αN の中に、b は βN の中に存在するということにしよう。そして、

　　$a \to \alpha$
　　$b \to \beta$

という写像を考える。このとき、群の演算は保存される。確かめてみよう。

○写像してから演算

　　　写像　$a \to \alpha$、$b \to \beta$

　　　演算　$\alpha N \cdot \beta N = \alpha N \beta N = \alpha \beta NN = \alpha \beta N：\alpha \beta$

○演算をしてから写像

　　　演算　$a \cdot b = ab$

　　　写像　さて、ab が $\{N、\alpha N、\beta N、\cdots\}$ のどこにいるかが問題だ。a は αN の中にあり、b は βN の中にある。$\{N、\alpha N、\beta N、\cdots\}$ は群なので、$\alpha N \cdot \beta N = \alpha \beta N$ となるのだが、これは αN の元と βN の元をかけるとすべて $\alpha \beta N$ の中に入る、ということを意味している。したがって αN の中にある a と、βN の中にある b をかけた ab は $\alpha \beta N$ の中にあるということになる。だから、

　　　　$ab \to \alpha \beta$

これで演算が保存されることが証明された。前に述べた同型写像と似ているが、この場合は1対1に対応しているわけではない。それでこのような写像を「準同型写像」というのだが、群とその正規部分群の場合は特に、自然な準同型と呼

第 4 章　一般の方程式

ばれている。あまりにもあたりまえだからだ。

　こうやって抽象的に述べると何か難しそうなことを言っているように見えるが、自然な準同型は身近なところで経験済みだ。

　たとえば $\mathbf{Z}/7\mathbf{Z}$ の加法群を考えてみよう。これは整数全体に対して、その正規部分群である 7 の倍数の集合に注目し、その剰余類群を作ったものなのだ。mod 7 で 3 というのは、整数の 3 を意味するのではなく、7 で割ったら 3 あまるすべての整数を意味していることは言うまでもない。3 は {…、−11、−4、3、10、17、…} を代表させているだけで、本来ならこのように表記すべきなのだが、わかっていればそこまできちんと書く必要はないので、単に 3 と書いているに過ぎない。

　$\mathbf{Z} \to \mathbf{Z}/7\mathbf{Z}$ の準同型写像は、たとえばこのようになる。

　　　290 → {…、−11、−4、3、10、17、…、290、…} ≡ 3
　　　106 → {…、−13、−6、1、8、15、…、106、…} ≡ 1

○写像してから演算

　　　写像　290 → 3、106 → 1
　　　演算　3 + 1 ≡ 4

○演算してから写像

　　　演算　290 + 106 = 396
　　　写像　396 →
　　　　　　{…、−10、−3、4、11、18、…、396、…} ≡ 4

　自然な準同型は $\mathbf{Z}/p\mathbf{Z}^*$ の乗法群でも同じだ。≡ の計算がホイホイとできるのも、自然な準同型のおかげなのである。

② 群 G の正規部分群 N の自然な準同型で、剰余類群の単位元

に写像されたもとの元は、Nに属する。

これも難しそうな言い回しだが、極めてあたりまえなことを述べているに過ぎない。

$\mathbb{Z}/7\mathbb{Z}$の加法群を例にとると、mod 7で0になる数は7の倍数である、と言っているのである。つまり、$\mathbb{Z}/7\mathbb{Z}$の正規部分群は7の倍数だから、剰余類群の単位元である0に対応しているのは、正規部分群である7の倍数だ、と言っているのだ。

③可解群Gの正規部分群N(剰余類群の位数が素数のもの)の自然な準同型で、Gの元a、bに対して

$\quad a \to \alpha$
$\quad b \to \beta$

という写像を考える。剰余類群の位数が素数だから巡回群であり、巡回群ならアーベル群だ。つまり剰余類群では交換法則が成り立っている。

このとき、

$\quad aba^{-1}b^{-1}$

という変な形をした元について考えてみよう。奇妙な形をしているが、これには「交換子」というなかなか立派な名前が付いているのだ。

この交換子が準同型写像でどうなるか、その運命や如何(いか)に!

$\quad aba^{-1}b^{-1} \to \alpha\beta\alpha^{-1}\beta^{-1}$

となるのだが、剰余類群では交換法則が成り立っているので、$\beta\alpha^{-1} = \alpha^{-1}\beta$だから

$\quad \to \alpha\beta\alpha^{-1}\beta^{-1} = \alpha\alpha^{-1}\beta\beta^{-1} = \varepsilon\ \varepsilon = \varepsilon$

第 4 章　一般の方程式

なんと単位元になってしまうのだ。

したがって②により、交換子$aba^{-1}b^{-1}$はNに含まれる。

④置換する元が5個以上の置換群で考える。長さ3の巡回置換(1　2　3)以外に、ここにない4、5を使って(1　5　3)、(1　4　2)を考える。それぞれの逆元は次のとおり。

　　$(1\ 5\ 3)^{-1} = (1\ 3\ 5)$
　　$(1\ 4\ 2)^{-1} = (1\ 2\ 4)$

このとき、

　　(1　5　3)(1　4　2)(1　5　3)$^{-1}$(1　4　2)$^{-1}$
　　=(1　5　3)(1　4　2)(1　3　5)(1　2　4)

　　　1→5→5→1→2
　　　2→2→1→3→3
　　　3→1→4→4→1
　　　4→4→2→2→4
　　　5→3→3→5→5　なので

　　=(1　2　3)

つまり(1　2　3)は交換子なのである。(1　2　3)が交換子であることを示すためには、それ以外にふたつの要素が必要だった。つまり要素が5つ以上でなければこのことは言えない。

⑤S_nを5次以上の対称群とする。S_nは長さ3の巡回置換をすべて含んでいる。S_nの正規部分群N_1の剰余類群の位数が素数であれば、N_1はS_nの交換子を含む。したがって長さ3の巡回置換をすべて含む。

N_1の正規対称群N_2についても、その剰余類群の位数が素

数であれば、同じである。以下、同じ条件で正規部分群を求めていっても、長さ３の巡回置換をすべて含んでいることになり、決して単位置換だけの群にたどりつくことはない。

したがって５次以上の対称群は可解群ではない。

長々と説明したが、たとえばアルティンの『ガロア理論入門』ではこうなっている。

---

f を G から G/N の上への自然準同型、(a, b, c) を任意の３次の巡回置換とする。M から a、b、c 以外の要素 d、e を選び、$x = (d, b, a)$、$y = (a, e, c)$ とおく。x、y の f による像を x'、y' とすると、$x^{-1} y^{-1} xy$ の f による像は $x'^{-1} y'^{-1} x' y'$ である。像はアーベル群であるから $x'^{-1} y'^{-1} x' y'$ は１である。よって $x^{-1} y^{-1} xy$ は f の核 N に含まれる。ところが
$$x^{-1} y^{-1} xy = (a, b, d)(c, e, a)(d, b, a)(a, e, c) = (a, b, c)$$
（証明終り）

あっさりしたものである。

この、長さ３の巡回置換に最初に注目したのはルフィニらしい。ルフィニは S_5 の置換120個を一覧表にして、実験を繰り返しながらこの事実を発見したという話だ。120個の置換の積をいろいろと組み合わせて、どうなるか観察し続けたのだろう。想像するだけで気が遠くなる話だ。

ルフィニは一般の５次方程式を代数的に解くことができないという長大な論文を発表したが、広く受け入れられることはなかったと伝えられている。それでも心ある数学者は、ル

フィニの論文に注目していたようだ。

ルフィニの証明については、『数Ⅲ方式 ガロアの理論』（矢ヶ部巖、現代数学社）に詳しい解説が掲載されている。

5次方程式を代数的に解くことができない、という定理は現在、ルフィニの貢献に敬意を表して、アーベル＝ルフィニの定理とも呼ばれている。

ガロアは、第1論文の最終章で、素数p次方程式が代数的に解けるためには、ガロア群の置換が $x \to ax+b \pmod{p}$ という線形置換であることが必要十分だと示した。

たとえば5次方程式の場合、$a=2$、$b=3$とすれば次のような置換だ。

$\quad\quad 0$
$\quad\quad \to 2\times 0 + 3 = 3$
$\quad\quad \to 2\times 3 + 3 = 9 \equiv 4$
$\quad\quad \to 2\times 4 + 3 = 11 \equiv 1$
$\quad\quad \to 2\times 1 + 3 = 5 \equiv 0$

ひとつにまとめると、（0　3　4　1）である。

5次方程式が可解群を持つ場合、aは1、2、3、4のどれか、bは0、1、2、3、4のどれかになるので、その位数は最大でも$4\times 5=20$となる。そしてガロアは最後にこの20個の置換を列挙して第1論文を終えている。

5次対称群の位数は120なので、これは5次方程式が代数的に解けないことの証明にもなっているのだが、アーベルが既に証明したことだから強調する必要はないと考えたのか、そのことについてガロアは触れていない。

第5章
具体的な方程式の ガロア群

5-0 ガロア群への無謀な突撃

　一般の5次方程式を代数的に解くことができないことも解決し、方程式が代数的に解けるのはその方程式のガロア群が可解群であるときであることも示した。もうこの本もすべてを語り尽くし、あとは著者がいつものようにつまらない蘊蓄をかたむける程度だろう、と思っている方もいるかもしれないが、いやいやそんなことはない、まだ重要なイシューが残っているのだ。

　肝心のガロア群について、ちゃんとした説明をしていないのである。

　第1章で、ガロア群はガロア拡大体の自己同型群だと説明した。しかしこの説明で、方程式のガロア群がどのようなものであるか納得しただろうか。また、方程式が与えられたときに、そのガロア群をどうやって構成するのか、わかったのだろうか。

　これは、ほとんどのガロアの理論の一般書に見られることなのだが、方程式のガロア群とは何であり、どのように作るのかについての議論を避ける傾向にあるのだ。

　方程式のガロア群の構成が困難であること、また方程式のガロア群そのものについて語るためには、前提としておびただしい定理を証明しなければならないこと、方程式のガロア群について正面から議論することを避ける傾向があるのは、おそらくこのせいだ。

　方程式のガロア群について詳しく語るためには、体や群、とりわけ体と多項式の関係についての定理を丁寧に証明していく必要がある。数学の専門家ではない一般の人を対象とし

第 5 章　具体的な方程式のガロア群

た本で、理解してもらうことすら期待できそうにない定理の証明を羅列するなどできることではない。

　真っ当な数学教育を受けた人は、たとえば論文の書き方なども徹底的にたたき込まれているのだろうと思う。証明されていない定理に基づいて議論するなどとんでもないことだ、という信念が体にしみこんでいるはずだ。

　しかし数学以外の科学では、100％証明された事実に基づいて議論を進めることなど、原理的に不可能だ。たとえばわたしはドーキンスの著書を愛読しているが、生物の進化を目にした人などどこにもいないのに、彼は進化を論じている。いや、正確に言えば、すべての人は進化を目にしているのだが、それがあまりにもゆっくりとしているので、進化であると気付くことができない。進化は現在進行形で進んでいるのだが、自分の父や母、あるいは息子、娘と自分を比較して、そこに進化の兆候があるなどと思う人はいないはずだ。

　生物学や天文学の一般書が生物や宇宙を観察するように、たとえ根拠があいまいであるにせよ、数学的な事象を観察するというような数学の本があってもいいのではないか、と思う。

　数学と自然科学とは対象が異なる、という意見もある。自然科学は実在する事物を対象としており、理論が間違っていれば現実との齟齬(そご)が生じるのでそこで修正することが可能だが、数学が対象としているのは人間の思考であり、公理と矛盾しなければ何でも許される世界である。それを支えているのは人間の理性による証明だけであり、そこをおろそかにしたら数学の世界そのものが崩壊してしまう、というわけである。

213

それはそのとおりなのだが、しかしそのような数学観が生まれたのは近年のことであり、ガロアなどは数学的な対象が実在していると確信していたのではないかと思う。少なくともガロアより一世代前のオイラーがそれを確信していたことは確実だ。信仰あつきオイラーは、神の存在と同じように、数学的な事象、たとえば虚数iの存在を信じていた。

　ガロアはその死に臨んで、キリスト教の儀式を拒んだ。神の存在については疑問を感じていたようだが、ガロア群が——ガロアがガロア群と言ったわけではないが——実在することを疑いはしなかっただろうと思う。

　この本ではこれまで、いくつかの実例を示すだけで「こうだ」と断定するような書き方をしてきた。真っ当な数学教育を受けた方からすれば、危なっかしくて見ていられないような書きぶりであろうが、幸か不幸かわたしは真っ当な数学教育を受けていない。この本では最初から、生物学や天文学の本のように、ガロア群を観察していこうと思っていた。

　ただ、ガロア群については錚々(そうそう)たる数学者が隅々まで研究を行っており、その成果は広く知られている。この本にすべての証明を書くことはしなかったが、間違ったことは述べていない。

　ガロアだって、確かだと思えない命題を提出するという危険をよく冒してきた、と白状している（オーギュスト・シュヴァリエに宛てた遺書）。ここはわが愛すべきラ・マンチャの騎士のように、愛馬ロシナンテにまたがり、ランスを構え、ガロア群に突撃していくことにしよう。

第 5 章 具体的な方程式のガロア群

5-1 方程式のガロア群を構成する

方程式
$$x^2 - 2x - 12 = 0$$
のガロア群を、ガロアの言うとおりに作ってみよう。方程式の根をα_1、α_2とする（$\alpha_1 > \alpha_2$）。

$\alpha_1 = 1 + \sqrt{13}$
$\alpha_2 = 1 - \sqrt{13}$

①V_1を求める。

基礎体をKとすると、ガロア拡大体は$K(\alpha_1、\alpha_2)$となる。このとき、α_1、α_2の有理式V_1が存在して

$$K(\alpha_1、\alpha_2) = K(V_1)$$

となる、というのがガロアの主張だ（単拡大定理）。そんなややこしいことを言わず、$V_1 = \sqrt{13}$とすればそれまでじゃないか、というつっこみは控えて、ここはガロアの言うとおりに進めていこう。

V_1は、すべての根の置換で値が異なるような有理式なら充分で、次のような根の1次式でもかまわないことをガロアは証明している。

$$V_1 = A\alpha_1 + B\alpha_2$$

α_1、α_2を交換したときに値が変わればいいので、ここでは$A = 1$、$B = -1$とおこう。これはふたつの元に対するラグランジュの分解式でもある。

$$V_1 = \alpha_1 - \alpha_2 = 1 + \sqrt{13} - (1 - \sqrt{13}) = 2\sqrt{13}$$

②各根をV_1の多項式であらわす。

$K(\alpha_1、\alpha_2) = K(V_1)$なので、$\alpha_1$、$\alpha_2$は基礎体の元を係数

としたV_1の多項式であらわせる。

$$\alpha_1 = \phi_1(V_1)$$
$$\alpha_2 = \phi_2(V_1)$$

実際に求めてみよう。

$$\alpha_1 - \alpha_2 = V_1$$
$$\alpha_1 + \alpha_2 = 2$$

これらを足したり引いたりして

$$\alpha_1 = \phi_1(V_1) = \frac{V_1 + 2}{2}$$

$$\alpha_2 = \phi_2(V_1) = \frac{-V_1 + 2}{2}$$

③V_1の共役を求める。

次にV_1の最小多項式を求める。

$V_1 = 2\sqrt{13}$　　　　両辺を2乗する。
$V_1^2 = 52$

したがってV_1の共役は$-2\sqrt{13}$となる。これをV_2としよう。

この共役は、$V_1 = \alpha_1 - \alpha_2$で、根の入れ替えをしたものだということに注意。つまり、$\alpha_1 - \alpha_2$に(1　2)の置換をするとV_2になるのである。

$$\alpha_1 - \alpha_2 \to \alpha_2 - \alpha_1 = 1 - \sqrt{13} - (1 + \sqrt{13})$$
$$= -2\sqrt{13} = V_2$$

$\alpha_1 = \phi_1(V_1)$に対して、(1　2)の置換をしたらどうなるか。左辺は$\alpha_1 \to \alpha_2$でα_2に変わる。右辺のϕ_1の各係数は基礎体の元なので、置換で変化しない。したがって$\phi_1(V_1) \to \phi_1(V_2)$となる。

　　　(1　2)の置換　　　$\alpha_1 = \phi_1(V_1)$　　→　　$\alpha_2 = \phi_1(V_2)$

第5章　具体的な方程式のガロア群

(1　2)の置換　　$\alpha_2 = \phi_2(V_1)$　→　$\alpha_1 = \phi_2(V_2)$

④ϕ_1、ϕ_2に共役を入れて、ガロア群を作る。

ガロア流の書き方をするとこうなる。

$$
\begin{array}{c|cc}
V_1 & \phi_1(V_1) & \phi_2(V_1) \\
V_2 & \phi_1(V_2) & \phi_2(V_2)
\end{array}
$$

　線の左側は、何を代入したかをあらわし、線の右側が置換をあらわす。つまりこれは、1行目→1行目、1行目→2行目というふたつの置換をあらわしている。

・1行目→1行目
$$\begin{pmatrix} \phi_1(V_1) & \phi_2(V_1) \\ \phi_1(V_1) & \phi_2(V_1) \end{pmatrix} = \begin{pmatrix} \alpha_1 & \alpha_2 \\ \alpha_1 & \alpha_2 \end{pmatrix} = \varepsilon \quad (単位元)$$

・1行目→2行目
$$\begin{pmatrix} \phi_1(V_1) & \phi_2(V_1) \\ \phi_1(V_2) & \phi_2(V_2) \end{pmatrix} = \begin{pmatrix} \alpha_1 & \alpha_2 \\ \alpha_2 & \alpha_1 \end{pmatrix} = (1\ \ 2)$$

つまりこの方程式のガロア群は、

　　$\{\varepsilon、(1\ \ 2)\}$

で、2次対称群S_2だ。

ガロアによるガロア群の作り方をまとめると次のようになる。

　　①Vを求める。

　　②各根をVの多項式であらわす。

　　③Vの共役を求める。

　　④ϕ_1、ϕ_2、…にVのすべての共役を入れて、ガロア群を作る。

5-2 別のVでも同じガロア群

一見、Vの取り方によってガロア群が違ってくるように思えるが、そんなことはない(証明が必要だが、目をつぶって前に進もう)。念のため別のVでも同じガロア群ができることを確かめてみる。

同じ方程式で考える。
①Vを求める。
　今度は次のV_1でやってみよう。
　　$V_1 = \alpha_1 + 3\alpha_2$

②各根をVの多項式であらわす。
　　$V_1 = \alpha_1 + 3\alpha_2$
　　$2 = \alpha_1 + \alpha_2$
連立方程式を解いて、

$$\alpha_1 = \phi_1(V_1) = \frac{-V_1 + 6}{2}$$

$$\alpha_2 = \phi_2(V_1) = \frac{V_1 - 2}{2}$$

③Vの共役を求める。
　　$V_1 = \alpha_1 + 3\alpha_2 = 1 + \sqrt{13} + 3 - 3\sqrt{13} = 4 - 2\sqrt{13}$
移項して2乗すれば既約方程式が求まる。
　　$x^2 - 8x - 36 = 0$
これを解いて、V_1の共役V_2を求める。

$$V_2 = 4 + 2\sqrt{13}$$

④ ϕ_1、ϕ_2 に共役を入れて、ガロア群を作る。

$$\phi_1(V_2) = \frac{-V_2 + 6}{2} = \frac{-4 - 2\sqrt{13} + 6}{2} = 1 - \sqrt{13} = \alpha_2$$

$$\phi_2(V_2) = \frac{V_2 - 2}{2} = \frac{4 + 2\sqrt{13} - 2}{2} = 1 + \sqrt{13} = \alpha_1$$

となるので、

V_1	$\phi_1(V_1) = \alpha_1$	$\phi_2(V_1) = \alpha_2$
V_2	$\phi_1(V_2) = \alpha_2$	$\phi_2(V_2) = \alpha_1$

やはり S_2 になった。

5-3　3次方程式のガロア群

　実際に2次方程式のガロア群を作ってみたが、2次方程式では簡単すぎて逆にわかりにくかったかもしれない。3次方程式でやってみよう。しかし3次方程式になると計算が格段に複雑になる。

　次の3次方程式のガロア群を求める。
$$x^3 - 3x^2 - 3x - 1 = 0$$
　この3根を α_1、α_2、α_3 とする。また1の原始3乗根のひとつを ω とする。
$$\alpha_1 = 1 + \sqrt[3]{2} + \sqrt[3]{4}$$

$$\alpha_2 = 1 + \sqrt[3]{2}\,\omega + \sqrt[3]{4}\,\omega^2$$
$$\alpha_3 = 1 + \sqrt[3]{2}\,\omega^2 + \sqrt[3]{4}\,\omega$$

① V を求める。

V_1 をラグランジュの分解式にしよう。
$$\begin{aligned}V_1 &= \alpha_1 + \alpha_2\omega + \alpha_3\omega^2 \\ &= (1+\sqrt[3]{2}+\sqrt[3]{4}) + (1+\sqrt[3]{2}\,\omega+\sqrt[3]{4}\,\omega^2)\omega \\ &\quad + (1+\sqrt[3]{2}\,\omega^2+\sqrt[3]{4}\,\omega)\omega^2 \\ &= 1+\sqrt[3]{2}+\sqrt[3]{4}+\omega+\sqrt[3]{2}\,\omega^2+\sqrt[3]{4}+\omega^2+\sqrt[3]{2}\,\omega+\sqrt[3]{4} \\ &= (1+\omega+\omega^2)+(1+\omega+\omega^2)\sqrt[3]{2}+3\sqrt[3]{4} \\ &= 3\sqrt[3]{4}\end{aligned}$$

あとで必要になるので、これに根の置換をおこなったものも求めておこう。

・$(1\ \ 2\ \ 3)$ の置換
$$\begin{aligned}V_2 &= \alpha_2+\alpha_3\omega+\alpha_1\omega^2 \\ &= (1+\sqrt[3]{2}\,\omega+\sqrt[3]{4}\,\omega^2)+(1+\sqrt[3]{2}\,\omega^2+\sqrt[3]{4}\,\omega)\omega \\ &\quad + (1+\sqrt[3]{2}+\sqrt[3]{4})\omega^2 \\ &= 1+\sqrt[3]{2}\,\omega+\sqrt[3]{4}\,\omega^2+\omega+\sqrt[3]{2}+\sqrt[3]{4}\,\omega^2+\omega^2 \\ &\quad +\sqrt[3]{2}\,\omega^2+\sqrt[3]{4}\,\omega^2 \\ &= (1+\omega+\omega^2)+(1+\omega+\omega^2)\sqrt[3]{2}+3\sqrt[3]{4}\,\omega^2 \\ &= 3\sqrt[3]{4}\,\omega^2 \\ &= \omega^2 V_1\end{aligned}$$

・$(1\ \ 3\ \ 2)$
$$\begin{aligned}V_3 &= \alpha_3+\alpha_1\omega+\alpha_2\omega^2 \\ &= 3\sqrt[3]{4}\,\omega \\ &= \omega V_1\end{aligned}$$

本当は必要ないのだが、他の置換もやっておこう。

第 5 章　具体的な方程式のガロア群

- $(1\ 2)$
$$V_4 = \alpha_2 + \alpha_1 \omega + \alpha_3 \omega^2$$
$$= 3\sqrt[3]{2}\,\omega$$
- $(1\ 3)$
$$V_5 = \alpha_3 + \alpha_2 \omega + \alpha_1 \omega^2$$
$$= 3\sqrt[3]{2}\,\omega^2$$
- $(2\ 3)$
$$V_6 = \alpha_1 + \alpha_3 \omega + \alpha_2 \omega^2$$
$$= 3\sqrt[3]{2}$$

②各根をVの多項式であらわす。

　これがなかなか大変なのだ。ラグランジュの証明にしたがって頭が痛くなるような計算をした末、次の結果を得た。

$$\alpha_1 = \phi_1(V_1) = -\frac{1}{972}V_1^5 + \frac{1}{6}V_1^2 + \frac{1}{3}V_1 + 1$$

これに$(1\ 2\ 3)$の置換をするとα_2が求まる。

　この置換で、$\frac{1}{972}$、$\frac{1}{6}$、$\frac{1}{3}$、1などの有理数は変わらず、$\alpha_1 \to \alpha_2$、$V_1 \to \omega^2 V_1$と置換される。

$$\alpha_2 = \phi_2(\omega^2 V_1) = -\frac{1}{972}\omega^{10}V_1^5 + \frac{1}{6}\omega^4 V_1^2 + \frac{1}{3}\omega^2 V_1 + 1$$

$$= -\frac{1}{972}\omega V_1^5 + \frac{1}{6}\omega V_1^2 + \frac{1}{3}\omega^2 V_1 + 1$$

　同様にして$(1\ 3\ 2)$の置換を行うと、$\alpha_1 \to \alpha_3$、$V_1 \to \omega V_1$と置換される。

$$\alpha_3 = \phi_3(\omega V_1) = -\frac{1}{972}\omega^5 V_1^5 + \frac{1}{6}\omega^2 V_1^2 + \frac{1}{3}\omega V_1 + 1$$

$$= -\frac{1}{972}\omega^2 V_1^5 + \frac{1}{6}\omega^2 V_1^2 + \frac{1}{3}\omega V_1 + 1$$

③Vの共役を求める。

$V_1 = 3\sqrt[3]{4}$　　　両辺を3乗する。
$V_1^3 = 108$

したがってV_1の共役は、V_2、V_3だけだとわかる。

④ϕ_1、ϕ_2、ϕ_3に共役を入れて、ガロア群を作る。

まずはガロア流に書いてみよう。

V_1	$\phi_1(V_1) = \alpha_1$	$\phi_2(V_1) = \alpha_2$	$\phi_3(V_1) = \alpha_3$
V_2	$\phi_1(V_2) = \alpha_2$	$\phi_2(V_2) = \alpha_3$	$\phi_3(V_2) = \alpha_1$
V_3	$\phi_1(V_3) = \alpha_3$	$\phi_2(V_3) = \alpha_1$	$\phi_3(V_3) = \alpha_2$

・1行目→1行目

これは変化しないので単位置換ε。

・1行目→2行目

$$\begin{pmatrix} 1 & 2 & 3 \\ 2 & 3 & 1 \end{pmatrix} = (1\ \ 2\ \ 3)$$

・1行目→3行目

$$\begin{pmatrix} 1 & 2 & 3 \\ 3 & 1 & 2 \end{pmatrix} = (1\ \ 3\ \ 2)$$

したがってガロア群は

$\{\varepsilon、(1\ \ 2\ \ 3)、(1\ \ 3\ \ 2)\}$

位数は3だ。ちょっと意外だったのではないか。3次方程式のガロア群はS_3で位数は6のはずなのに、どうしてこの方程式の位数は3なのだろうか。

一般の3次方程式のガロア群は確かにS_3だが、実際の方程

式の場合、根の間に特殊な関係があったりして、ガロア群がS_3の部分群となる場合もあるのだ。

根の形を見ても、このガロア群がS_3でないことは予想できる。この方程式の根は、$\sqrt[3]{}$があるだけで、二重になっていない。つまり$X^3 = A$という方程式を解くだけで根を求めることができたというわけだ。

カルダノの公式を使ってこの方程式を解いていく途中、$(V^3 - W^3)^2$を求めるとこれが平方数になる。本来なら$X^2 = A$、$X^3 = B$を解かなければならないのだが、平方数が出てきたおかげで$X^2 = A$を基礎体の中で解くことができたというわけだ。

5-4 もうひとつ、3次方程式のガロア群

もうひとつ、3次方程式のガロア群を求めてみよう。

$x^3 - 3x - 4 = 0$
$\alpha_1 = \sqrt[3]{2+\sqrt{3}} + \sqrt[3]{2-\sqrt{3}}$
$\alpha_2 = \sqrt[3]{2+\sqrt{3}}\,\omega + \sqrt[3]{2-\sqrt{3}}\,\omega^2$
$\alpha_3 = \sqrt[3]{2+\sqrt{3}}\,\omega^2 + \sqrt[3]{2-\sqrt{3}}\,\omega$

①Vを求める。

やはりラグランジュの分解式を採用する。ラグランジュの分解式を使うと、Vの最小多項式がきれいになるからだ。

まずV_1を求め、それに左端の置換をほどこして計算した。

$\varepsilon \qquad\qquad V_1 = \alpha_1 + \alpha_2\omega + \alpha_3\omega^2 = 3\sqrt[3]{2-\sqrt{3}}$
$(1\ \ 2\ \ 3) \qquad V_2 = \alpha_2 + \alpha_3\omega + \alpha_1\omega^2 = 3\sqrt[3]{2-\sqrt{3}}\,\omega^2$

$$
\begin{aligned}
&= \omega^2 V_1
\end{aligned}
$$

(1 3 2) $\quad V_3 = \alpha_3 + \alpha_1 \omega + \alpha_2 \omega^2 = 3\sqrt[3]{2-\sqrt{3}}\,\omega$
$\qquad\qquad\quad = \omega V_1$

(1 2) $\quad V_4 = \alpha_2 + \alpha_1 \omega + \alpha_3 \omega^2 = 3\sqrt[3]{2+\sqrt{3}}\,\omega$
$\qquad\qquad\quad = \omega V_6$

(1 3) $\quad V_5 = \alpha_3 + \alpha_2 \omega + \alpha_1 \omega^2 = 3\sqrt[3]{2+\sqrt{3}}\,\omega^2$
$\qquad\qquad\quad = \omega^2 V_6$

(2 3) $\quad V_6 = \alpha_1 + \alpha_3 \omega + \alpha_2 \omega^2 = 3\sqrt[3]{2+\sqrt{3}}$

②各根をVの多項式であらわす。

$$\alpha_1 = \phi_1(V_1) = -\frac{1}{243}V_1^5 + \frac{4}{9}V_1^2 + \frac{1}{3}V_1$$

$$\alpha_2 = \phi_2(V_1) = -\frac{1}{243}\omega V_1^5 + \frac{4}{9}\omega V_1^2 + \frac{1}{3}\omega^2 V_1$$

$$\alpha_3 = \phi_3(V_1) = -\frac{1}{243}\omega^2 V_1^5 + \frac{4}{9}\omega^2 V_1^2 + \frac{1}{3}\omega V_1$$

③Vの共役を求める。

$\quad x = 3\sqrt[3]{2-\sqrt{3}}$ $\qquad\qquad\qquad$ 両辺を3乗する。
$\quad x^3 = 54 - 27\sqrt{3}$
$\quad x^3 - 54 = -27\sqrt{3}$ $\qquad\qquad$ 両辺を2乗する。
$\quad x^6 - 108x^3 + 2916 = 2187$
$\quad x^6 - 108x^3 + 729 = 0$

いままで黙っていたが、実はこの方程式はガロア方程式と呼ばれている。ガロア方程式を解くと、$V_1 \sim V_6$が共役であることがわかる。

第 5 章　具体的な方程式のガロア群

④ ϕ_1、ϕ_2、ϕ_3 に共役を入れて、ガロア群を作る。

V_1	$\phi_1(V_1)=\alpha_1$	$\phi_2(V_1)=\alpha_2$	$\phi_3(V_1)=\alpha_3$
V_2	$\phi_1(V_2)=\alpha_2$	$\phi_2(V_2)=\alpha_3$	$\phi_3(V_2)=\alpha_1$
V_3	$\phi_1(V_3)=\alpha_3$	$\phi_2(V_3)=\alpha_1$	$\phi_3(V_3)=\alpha_2$
V_4	$\phi_1(V_4)=\alpha_2$	$\phi_2(V_4)=\alpha_1$	$\phi_3(V_4)=\alpha_3$
V_5	$\phi_1(V_5)=\alpha_3$	$\phi_2(V_5)=\alpha_2$	$\phi_3(V_5)=\alpha_1$
V_6	$\phi_1(V_6)=\alpha_1$	$\phi_2(V_6)=\alpha_3$	$\phi_3(V_6)=\alpha_2$

S_3 の置換がすべて出てきた。したがってこの方程式のガロア群は S_3 ということになる。

ガロア方程式：方程式の根 α、β、…に対し、$E=K(\alpha、\beta、…)=K(V)$ となっているとき、V の最小多項式をガロア方程式という。

5-5　彼女がかけがえのない人になるまで

実際に方程式が与えられたとき、ガロア群の構成は難しい、と書いたが、どこが難しいのかわかるだろうか。

① V を求める。

V は、根の置き換えで異なる値になるような式であれば充分なので、V を作るのは難しくはない。たとえば

$$V=\alpha_1+2\alpha_2+3\alpha_3+4\alpha_4+\cdots$$

と定めても、ほとんどの場合大丈夫だ。ある置換で V の値が同じになってしまうようなら、そのときはその部分の係数を変えてやればいい。

2次方程式や3次方程式の場合、V をラグランジュの分解式にすると、あとの計算が楽になったが、別にラグランジュ

の分解式でなければならない、というわけではない。たとえば4次方程式の場合は、ラグランジュの分解式を持ってきても、あとの計算は楽にはならない。

2次方程式や3次方程式の場合、それぞれ$\{\varepsilon、(1\ 2)\}$や$\{\varepsilon、(1\ 2\ 3)、(1\ 2\ 3)^2=(1\ 3\ 2)\}$が正規部分群だったので、それらの置換で、2次方程式の場合は$V\to -V$、3次方程式の場合は$V\to\omega V$、$V\to\omega^2 V$という変化が起きたのだが、4次方程式の場合は$\{\varepsilon、(1\ 2\ 3\ 4)、(1\ 2\ 3\ 4)^2=(1\ 3)(2\ 4)、(1\ 2\ 3\ 4)^3=(1\ 4\ 3\ 2)\}$が正規部分群ではないため、ラグランジュの分解式が活躍できないからだ。

ともかく、Vの決定に困難はない。

②各根をVの多項式であらわす。

3次方程式の場合、この式を計算するのに苦労をした。この本を書くために、実にうんざりするような計算をしなければならなかった(コンピュータに助けてもらったが)。しかしガロア群を求めるためにこの計算は必要ない。

単拡大定理により、

$\quad K(\alpha_1、\alpha_2、\cdots)=K(V)$

であることは証明されているので、

$\quad \alpha_1=\phi_1(V)$
$\quad \alpha_2=\phi_2(V)$
$\quad\quad\vdots$

となるようなϕ_1、ϕ_2、…が存在することは確かだ。ガロア群を構成するために、その具体的な形を知る必要はない。

③ V の共役を求める。

V のガロア方程式を求める。第5節の方程式に対するガロア方程式は

$$V^6 - 108V^3 + 729 = 0$$

これに、根の置換をほどこす。根の置換をほどこしても、-108 や 729 が変化しないのは明らかだ。根の置換によって $V \to V'$ になるとすると、

$$V'^6 - 108V'^3 + 729 = 0$$

となるので、明らかに V' は V の共役だ。つまり V の共役は、V で根の置換をしたものなのだ。

しかし逆に、V で根の置換をほどこしたものすべてが、ガロア方程式で共役になるわけではない。第4節の3次方程式の場合、V に ε、(1 2 3)、(1 3 2) の置換をほどこしたものは共役だったが、(1 2)、(1 3)、(2 3) の置換をほどこしたものは共役ではなかった。

第4節の3次方程式の場合、V にすべての置換をほどこしたものを根とする方程式は

$$x^6 - 162x^3 + 5832 = 0$$

となるのだが、これは

$$(x^3 - 108)(x^3 - 54) = 0$$

と因数分解されてしまう。ガロア方程式は既約である必要がある。そのためガロア方程式は

$$x^3 - 108 = 0$$

となり、V と共役な根は ωV、$\omega^2 V$ だけとなるのである。

④ ϕ_1、ϕ_2、… に共役を入れて、ガロア群を作る。

これも別に難しいことはない。たとえば

$x_1 = \phi_1(V_1)$

にV_1の共役V_kを入れればどうなるか。上の式に、$V_1 \to V_k$の置換をほどこせばいいだけの話だ。左辺は当然$\phi_1(V_k)$となり、右辺はたとえば置換が(1 2 …)ならα_2となる。

ガロア群の作り方を振り返ってみたわけだが、別に難しいところはない。ただし、これは方程式の根がわかっている場合だ。方程式の根がわからない場合、ガロア方程式を求め、Vの共役を決定するのが、非常に難しいことになる。

p次方程式の場合、そのガロア群がp次対称群S_pの部分群であることは確かなのだが、実際にその群を定めるのは困難だ。

一般的に考えてみよう。

与えられたn次方程式の根をα_1、α_2、…、α_nとし、係数体に適当な1の累乗根を添加した体を基礎体Kとすると、ガロア拡大体は次のようにあらわされる。

$K(\alpha_1、\alpha_2、…、\alpha_n)$

①V_1を求める。

このとき、α_1、α_2、…、α_nの有理式V_1が存在し、

$K(V_1) = K(\alpha_1、\alpha_2、…、\alpha_n)$

となるとガロアは主張する。単拡大定理だ。ガロアはこのV_1が、α_1、α_2、…、α_nのすべての置換によって異なった値となるものなら充分であると、この主張の前の補題で証明している。もっとも簡単なものは、α_1、α_2、…、α_nの1次式であらわされる。たとえばこんなかんじだ。

第 5 章　具体的な方程式のガロア群

$$V_1 = A\alpha_1 + B\alpha_2 + \cdots + C\alpha_n$$

ポアソンは、その証明は不十分だがラグランジュによれば正しい、と述べた。ガロアがそれに対して「人は判断するだろう」と書き加えたことは前述した。

② 各根をV_1の多項式であらわす。

$K(V_1) = K(\alpha_1、\alpha_2、\cdots、\alpha_n)$は、$\alpha_1$、$\alpha_2$、$\cdots$、$\alpha_n$が$V_1$の多項式であらわされることを意味している。

$$\alpha_1 = \phi_1(V_1)$$
$$\alpha_2 = \phi_2(V_1)$$
$$\vdots$$
$$\alpha_n = \phi_n(V_1)$$

③ V_1の共役を求める。

次にV_1の最小多項式を求める。つまりKの元を係数とし、V_1を根とする最小次数の既約方程式だ。ガロア方程式である。

V_1の共役を、$V_2, V_3, \cdots, V_m$としよう。

④ ϕ_1、ϕ_2、$\cdots$に共役を入れて、ガロア群を作る。

ガロア流にガロア群を書いてみよう。

V_1	$\phi_1(V_1) = \alpha_1$	$\phi_2(V_1) = \alpha_2$	$\cdots$	$\phi_n(V_1) = \alpha_n$
V_2	$\phi_1(V_2)$	$\phi_2(V_2)$	$\cdots$	$\phi_n(V_2)$
V_3	$\phi_1(V_3)$	$\phi_2(V_3)$	$\cdots$	$\phi_n(V_3)$
$\vdots$	$\vdots$	$\vdots$	$\vdots$	$\vdots$
V_m	$\phi_1(V_m)$	$\phi_2(V_m)$	$\cdots$	$\phi_n(V_m)$

ガロア群の置換のひとつひとつに、V_kが対応している、と

いうのがポイントだ。

　第1章で扱った$x^p = A$という方程式や、第3章で扱った円周等分方程式は、ガロア方程式がもとの方程式と同じだった。そのためガロア群も単純で、それぞれ$\mathbf{Z}/p\mathbf{Z}$の加法群、$\mathbf{Z}/p\mathbf{Z}^*$の乗法群と同型だった。

　一般の方程式の場合、ガロア方程式はもとの方程式とは異なる。しかしガロア群の置換の様子は同じで、V_jをV_kに置換する。ただしそれをコントロールしているのは、もとの方程式の置換群なのだ。

　方程式を解くということは、対称性を崩していくことだと前に書いた。対称性を崩すとは、あいまいさをなくしていくことを意味する。体に累乗根を添加することによって、V_kの個性が明らかになり、あいまいさが減っていくのだ。

　V_1が求まれば、方程式の根はすべて求まる。ガロア方程式が求まれば、あとはそれを解いてV_1を求めることに集中すればよい。

　あなたの前にある女性が登場する。最初は、ちょっときれいな人だな、と思う。しかしちょっときれいだ、と思うような女性はたくさん存在し、この時点ではまだ他の女性と恋をする可能性は残っている。対称性は残っており、彼女＝V_1はV_kたちと置換が可能なのだ。

　つきあっていくうちに、彼女についてさまざまなことを知るようになる。たとえば、豚肉が嫌いで、サーモンが大好きだ、というような情報だ。この情報によって、あなたの心の中にある彼女への思いは拡大する。しかし、ちょっときれいで、豚肉が嫌いで、サーモンが大好きな女性はたくさんお

第 5 章　具体的な方程式のガロア群

り、ちょっときれいだ、と思った時点と比べると、思いが拡大すると同時に置換群は縮小しているが、まだまだ置換は可能だ。

　普通につきあっているだけでは、彼女への思いは拡大しない。加減乗除の四則では体が拡大しないのと同じだ。

　しかし客観的には非常に些細なこと、たとえば彼女の女性らしいちょっとした仕草に心奪われた経験などが、彼女への思いを拡大していく。同時に、群は縮小し、置換の可能性は小さくなっていく。

　ある詩人がそのあたりの事情をこううたっている。

―――――――――――――――――

　　恋愛してゐるその間
　　僕は知らずにゐたんだよ
　　現実ごとには仰天してゐるこの僕を。

　　　　　　　　　　　　　『無機物』山之口貘

―――――――――――――――――

　この僕が仰天している現実に直面するごとに、彼女への思い＝体は拡大し、同時に群は縮小していく。そして彼女への思いが極大化したとき、群は単位元だけしか含まないところまで縮小する。つまり対称性が完全に崩れ、あらゆる置換が不可能となる。V_1が、V_2、V_3、…とはまったく異なるものとして、目の前にあらわれる。

　彼女は文字どおりかけがえのない人になったのだ。

　この喩えが、男→女という視点になっているのは、わたしが男だからという理由があるだけで、深い意味はない。女→男でも、あるいは女→女、男→男でも同じような構造があり、おそらく同型写像が存在する。

見ず知らずの、あるいはフィクションの恋物語に涙することができるのも、この同型写像があるからだろう。
　ラブストーリーの名手や映画作家は、この同型写像を利用して、あなたを感動させているのである。

5-6　ガロアがもたらした革命

　方程式が代数的に解けるかどうかは、ガロア群を分析すればわかる。ガロア群が可解群であれば、その方程式は代数的に解け、可解群でなければ、代数的に解けない、とガロアは主張する。
　しかしガロアの第1論文を査読したポアソンは、ガロアの示した条件は閉じていない、と評した。
　ガロアの示した定理によって、方程式が可解かどうか調べようとしても、根がわからなければ、一歩も進むことができないではないか、と批判したのだ。
　ガロアは死の半年ほど前、サント・ペラジー刑務所に収監されていたとき、論文の出版を計画し、序文を書いた。残念なことに論文が書かれることはなかったが、その序文の中で、ポアソンについて触れている。

　　一八三一年に科学アカデミーに送付されたその抜粋はポアソン氏の査読に付され、彼は会議でこれを理解できなかったと述べたところである。うぬぼれに幻惑された筆者自身の目から見ると、これは単にポアソン氏は理解したくなかった、あるいは理解できなかったということであり、しかし公衆の目には私の著作が決

して無価値なものではないことを確かに示すものである。　　　　　　　　　（『ガロア』加藤文元、中公新書）

そしてポアソンの評が不当であることを次のように述べている。

> 長々とした代数の計算は、まずもって数学の進歩にはほとんど必要ない。極めて単純な定理というのは解析の言葉で表現しようがないからこそ価値があるのだ。オイラー以来この偉大な幾何学者が科学に与えた進展において、このようなより簡素な言葉が必要であったことはほとんどなかった。オイラー以後の数学では計算することはますます必要とならざるを得なかった。しかしより進歩した科学の対象に適用されていくにつれて、それはますます困難なものとなってきた。今世紀に入ってすぐ以降、その方法論はあまりに複雑なものとなってしまったため、現代の幾何学者たちが出版する研究に見られるような鮮やかさや即時に理解できる能力、さもなければ大量の計算操作による一撃といったものなしには、もはや進歩は不可能となってしまっている。
>
> 明らかなことだが、こういった鮮やかさの目的は褒めそやされ正当なものとされること以外のなにものでもない。最先端の幾何学者たちの努力がこの鮮やかさを目指すものだと認めるなら、複数の計算操作を一斉に包括することがますます必要になっていると確言できる。なにしろ、もはや細かい点に立ち止まっている

時間はないのだから。

　ところで私が思うに、そういった鮮やかさによる計算の単純化（どんな賢い人でもわかるような単純化。具体的な対象の話ではない）にはおのずと限界がある。思うに、解析学者の思索によって予想された代数的変形が、いつまでたっても、そしてどこまでいっても見出されないという時がいずれやってくるだろう。そうなったら予想したことに満足しなければならなくなるのだ。新しい解析学には救いがないと言いたいのではない。そうではなくて、さもなければいつか限界に達すると思われると言いたいのである。

　数多の計算を結合する足場まで跳躍すること、操作をグループ化すること、そして形によってではなく難しさによって分類すること。これらこそ、私の意見では、未来の幾何学者たちの仕事なのだ。そしてこれこそ、この著作の中で私がとる道なのだ。　　　（前掲書）

　ガロアは自分の数学が、ポアソンに代表される古い数学とはまったく次元の違うものであることを自覚していた。数学はすでに、アルゴリズムをともなわない性質の研究へと進まざるをえない状況にあった。

　方程式が与えられたとき、そのガロア群を決定できるかどうかはすでに重要ではない。その構造、アルゴリズムの背後にあってアルゴリズムを統括する構造の研究こそが重要なのだ。

　ちなみに、方程式が与えられたとき、そのガロア群を決定するアルゴリズムが存在するかどうかの問題は、いまだ未解

第 5 章　具体的な方程式のガロア群

決であるらしい。

　先に引用したガロアの、書かれることのなかった論文の序文の全文を読んだのは、加藤文元の『ガロア』でだった。その内容とともに、社会への反発と怒りに満ちた文章は、私の中でガロアのイメージを改変するのに充分だった。

　加藤文元の『ガロア』は、数々のガロア伝説に訂正を求める労作だ。これ以後ガロアについて語るときの、基本的な文献となると思う。たとえばコーシーとガロアの関係など、それまでのガロア伝説にひたっていた人から見れば驚くべき記述もある。この序文の全文を掲載した、というだけでも価値がある。

　ガロアの第1論文は難解だと言われている。ポアソンをはじめとする当時の一流の数学者でさえ理解できなかった、というのだから、難解だと言われてもしかたがないのかもしれない。

　わたしも守屋美賀雄の訳で読んでみたが、最初はまったくわけがわからなかった。しかし、ある程度ガロアの理論が理解できるようになってから読んでみると、ガロアが何を言いたいのか、かなりすっきりと腑に落ちたのだ。

　第1論文は日本語訳で序文も含めて17ページと非常に短い。この原稿を書くためにもう一度読み返してみたが、論旨は明瞭であり、ガロア独特の用語法に慣れることができれば、読みやすいと言っても過言ではない。どうしてこんな簡単なことがわからないのか、というガロアの怒りの声が聞こえてきそうだ。

ガロアの周囲には、不幸なことに、ガロアの数学を理解できるような友人はいなかったようだ。ガロアが死の前日に遺書を託したオーギュスト・シュヴァリエも、ガロアの親友ではあったのだろうが、数学上の友人ではなかった。

　ガロアがフランス科学アカデミーに方程式についての論文を最初に提出したのは、わずか17歳のときだった。この論文は散逸してしまったが、現存している第1論文の内容とほぼ同じであったと思われる。つまりこの時点ですでに、方程式が代数的に解けるかどうかはガロア群を分析すればわかる、というアイディアはできあがっていたわけだ。

　その後もガロアはひとりで数学の研究を進める。その成果について語り合うことのできる友もいないまま、孤独な戦いが続くのだ。

　書かれることのなかった論文の序文を見ると、方程式のガロア理論からはるかに先へ進んでいたことがうかがわれる。楕円関数のもっとも高度な計算が、従来のものが特殊例になってしまうまで論じられる、とか、解析学の解析学、というような言葉が序文にはある。これらの論文が書かれなかったことが、かえすがえすも惜しまれる。

　ガロアの生涯は、フィクションではあるが、ユゴーの『レ・ミゼラブル』の時代と重なっている。『レ・ミゼラブル』の主人公のひとり、コゼットとガロアは、ほぼ同じ世代だ。コゼットがジャン・ヴァルジャンに救われたころ、ガロアは教養豊かな母と自由を愛する父のもとでしあわせな少年時代を送っていた。ガロアが第1論文の構想を思いついたころ、コゼットはヴァルジャンとともにパリの街でひっそりと

第 5 章　具体的な方程式のガロア群

暮らしながら、貧しい人々への慈善事業に精を出していた。コゼットとマリウスが互いに一目惚れしたころ、ガロアもまたステファニー嬢への思いを募らせていた。そしてコゼットに振られたと思ったマリウスが、死を覚悟してバリケードに向かったのは、ガロアの死の1週間後のことだった。

マリウスが参加する秘密結社、ABC友の会は、ガロアが身を投じた「人民の友の会」を彷彿とさせる。不正、不義に満ちた社会への怒りを爆発させる若者の姿がそこにある。

そのころのガロアを思うと、わたしはいつも石川啄木の次の詩を思いうかべる。

───────────────

> われらはわれらの求むるものの何なるかを知る、
> また、民衆の求むるものの何なるかを知る、
> しかして、我等の何を為すべきかを知る。
> 実に五十年前の露西亜の青年よりも多く知れり。
> されど、誰一人、握りしめたる拳に卓をたたきて、
> 'V NAROD!' と叫び出づるものなし。
>
> 此処にあつまれる者は皆青年なり、
> 常に世に新らしきものを作り出だす青年なり。
> われらは老人の早く死に、しかしてわれらの遂に勝つべきを知る。
> 見よ、われらの眼の輝けるを、またその議論の激しきを。
> されど、誰一人、握りしめたる拳に卓をたたきて、
> 'V NAROD!' と叫び出づるものなし。
>
> 　　　　　（はてしなき議論の後、「呼子と口笛」より）

───────────────

ガロアよりも一世代前、ラプラスの悪魔に象徴されるような決定論が世を風靡し、この世界の謎は早晩すべて解決されるだろう、というような雰囲気があったらしい。たとえばラグランジュは親友のラヴォアジェに「数学や物理なんてのはニュートンがみんなやってしまったのだからもはや末期のオチボヒロイ期」だ（『異説　数学者列伝』森毅、ちくま学芸文庫）と言っていたという。

　しかしガロアは、それまでのパラダイムを根本から変革する新しい数学を発見し、その奥に広がる深淵を眼にした。そこにあったのは、オチボヒロイなどとはとんでもない、人類の智を嘲笑うかのような深淵だ。

　科学の進歩によって、この世界の謎はどんどん少なくなっていく、と思っている人もいるかもしれないが、事実は逆だ。ひとつの謎が解決されると、それに倍する謎が生じるのだ。

　20世紀の物理学は驚異的な発展を遂げた。しかしその発展の末に見えてきたのは、この宇宙の物質の大きな部分を占めているダークマターについて、人類はほとんど何も知らないという事実だった。さらに、この宇宙に満ちていると考えられているダークエネルギーは、物理の常識に反する性質を有しているが、その正体については何もわかっていないのだ。

　生命は複雑な機械に過ぎないと思われていた時代もあった。単に複雑なだけであって、人類がその謎を解明するのも遠い未来ではない、と思われていたのだ。しかし生命は人間の作る機械とは似ても似つかぬものであることがだんだんとわかってきた。生命とは何か、命あるものと命なきものを区別するのは何かについて、まだほとんど何もわかっていな

い。

　最近AIが囲碁のトッププロを負かして話題になったが、そこで明らかになったことは、AIが人間のように思考しているのではない、という事実だ。AIはただ膨大な計算をしているに過ぎないのだ。

　自我や心が脳の作用であることを疑う人はほとんどいないだろう。しかし脳神経の、物理的、化学的な情報交換が、どのようにして自我の意識へと「創発」するのかについては、何もわかっていない。意識を持つコンピュータは、SFの世界では珍しくもない存在だが、囲碁のトッププロに勝利するAIの存在は、意識を持つコンピュータの実現にむけて人類はまだその手がかりすらつかんでいないことを示している。

　数についての謎も同様だ。人類が解明した数は、せいぜい加算無限個にしか過ぎない。人類が解明した数には名前が付いており、あいうえお順でもいいし、abc順でもいいが、それを一列に並べることができるからだ。しかし数直線上に存在する実数は、非加算無限個ある。だから数直線をばっさりとふたつに切った場合、その切り口に存在している数が人類の知っている数である確率は０％なのだ。

　人類の認識と、実数までの間には、まさに、誰にも渡れぬ深くて暗い河がある。

　ガロアは勇敢にもこの河に舟を浮かべこぎ出した。対岸へたどりつくことはできなかったが、少なくとも累乗根で表現できる数の限界まで行き、その構造を完全に解明したのである。ガロアの理論は数学の世界に革命をもたらした。数学の世界を根本から改変するような革命だった。

　ガロアが生きていたのは、フランス革命を前後する時代

に、おびただしい人々の命によってあがなわれた自由、平等、博愛という理想、あるいは人権の思想が抑え込まれた、反動の時代だった。過激な共和主義者であったガロアの目には、ガロアがめざしていた新しい数学を認めようとはしない旧態依然たる数学界の状況と、自由や人権を抑圧しようとする社会のありさまが重なって見えていた。書かれなかった論文の序文にある、下品とすら言える罵詈雑言(ばりぞうごん)は、その怒りを如実にあらわしている。

　数学の世界では、ガロアの思いは美しい花となって咲き、立派な果実をみのらせた。

　しかしガロアのもうひとつの夢、自由や人権が、人類普遍の原理として認められるためには、もう少し時間が必要なようだ。

索引

〈数字〉

1のn乗根	104
2項方程式	52

〈記号・アルファベット〉

A_n	199
mod	71
n次対称群	184
n次代数方程式	22
n次の交代群	199
n次方程式	22
S_n	184
$\mathbf{Z}/p\mathbf{Z}$	71
ϕ関数	162
ω	33

〈あ行〉

アーベル	25
アーベル群	187, 195
アーベル=ルフィニの定理	209
位数	50, 58, 61
円周等分方程式	104, 110
オイラー	162
オイラー＝久留島の関数	162
オイラーの公式	37

〈か行〉

ガウス	22, 88, 105, 168
可解群	208, 232
可換群	187, 195
拡大体	45, 52
加法群	67
可約	43, 44
カルダノの公式	194
ガロア	28, 41
ガロア拡大体	45, 54
ガロア群	50, 54, 110, 162, 215, 232
ガロア体	41
ガロアの第1論文	96, 97
ガロアの対応	196
ガロア方程式	224, 225
環	186
基礎体	45, 54
奇置換	199
基本対称式	84
既約	43, 44
逆元	50, 54
共役	93, 102
極形式	35
偶置換	199
久留島義太	162
群	50, 54
係数体	43, 44
元	41, 50
原始n乗根	33
原始根	114
交換子	206
固有分解	188
根の公式	24

〈さ行〉

最小多項式	93, 102
自己同型写像	47, 54
実数体	42, 44

自明な部分群	115, 131
巡回群	63, 71
巡回置換	79, 82
乗法群	67, 111, 162
剰余類	116, 131
剰余類群	131
真の部分群	115, 131
正規部分群	190, 195
生成元	63, 71
正257角形	182
正65537角形	182

〈た行〉

体	40, 44
対称群	208
対称式	77
代数学の基本定理	22
代数的に解く	23
代数方程式	21, 22
楕円関数	29
多価性	37
単位元	50, 54
単位置換	50, 54
単拡大定理	90, 96
置換	47, 54
置換群	28, 54
同型	69, 71
同型写像	47, 54
ド・モアブルの定理	35

〈は行〉

不可換群	185, 195
複素数体	42, 44
部分群	115, 131
ヘルメス	182
ポアソン	97

補助方程式	78

〈や行〉

ヤコビ	182
ユークリッド	168
有限体	41
有理化	61
有理数体	41, 44

〈ら行〉

ラグランジュ	24
ラグランジュの定理	72, 118
ラグランジュの分解式	77, 82, 215
リヒェロート	182
累乗根	23
ルフィニ	25, 208
レムニスケート	98
連分数	30

N.D.C.411.73　　242p　　18cm

ブルーバックス　B-2046

方程式のガロア群
深遠な解の仕組みを理解する

2018年1月20日　第1刷発行

著者	金　重明（キム　チュンミョン）	
発行者	鈴木　哲	
発行所	株式会社講談社	
	〒112-8001　東京都文京区音羽2-12-21	
電話	出版	03-5395-3524
	販売	03-5395-4415
	業務	03-5395-3615
印刷所	（本文印刷）慶昌堂印刷株式会社	
	（カバー表紙印刷）信毎書籍印刷株式会社	
製本所	株式会社国宝社	

定価はカバーに表示してあります。
©金　重明　2018, Printed in Japan
落丁本・乱丁本は購入書店名を明記のうえ、小社業務宛にお送りください。送料小社負担にてお取替えします。なお、この本についてのお問い合わせは、ブルーバックス宛にお願いいたします。
本書のコピー、スキャン、デジタル化等の無断複製は著作権法上での例外を除き禁じられています。本書を代行業者等の第三者に依頼してスキャンやデジタル化することはたとえ個人や家庭内の利用でも著作権法違反です。
R〈日本複製権センター委託出版物〉複写を希望される場合は、日本複製権センター（電話03-3401-2382）にご連絡ください。

ISBN978-4-06-502046-3

発刊のことば

科学をあなたのポケットに

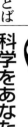

　二十世紀最大の特色は、それが科学時代であるということです。科学は日に日に進歩を続け、止まるところを知りません。ひと昔前の夢物語もどんどん現実化しており、今やわれわれの生活のすべてが、科学によってゆり動かされているといっても過言ではないでしょう。
　そのような背景を考えれば、学者や学生はもちろん、産業人も、セールスマンも、ジャーナリストも、家庭の主婦も、みんなが科学を知らなければ、時代の流れに逆らうことになるでしょう。
　ブルーバックス発刊の意義と必然性はそこにあります。このシリーズは、読む人に科学的に物を考える習慣と、科学的に物を見る目を養っていただくことを最大の目標にしています。そのためには、単に原理や法則の解説に終始するのではなくて、政治や経済など、社会科学や人文科学にも関連させて、広い視野から問題を追究していきます。科学はむずかしいという先入観を改める表現と構成、それも類書にないブルーバックスの特色であると信じます。

一九六三年九月

野間省一

ブルーバックス　数学関係書（I）

- 116　推計学のすすめ　佐藤信
- 120　統計でウソをつく法　ダレル・ハフ／高木秀玄=訳
- 177　ゼロから無限へ　C・レイド／芹沢正三=訳
- 217　ゲームの理論入門　モートン・D・デービス／桐谷維/森克美=訳
- 325　現代数学小事典　寺阪英孝=編
- 408　数学質問箱　矢野健太郎
- 722　解ければ天才！ 算数100の難問・奇問　中村義作
- 797　円周率πの不思議　堀場芳数
- 833　虚数 i の不思議　堀場芳数
- 862　対数 e の不思議　堀場芳数
- 908　数学トリック=だまされまいぞ！　仲田紀夫
- 926　原因をさぐる統計学　豊田秀樹
- 1003　マンガ 微積分入門　岡部恒治／前田忠彦/藤岡文世=絵治
- 1013　違いを見ぬく統計学　豊田秀樹
- 1037　道具としての微分方程式　斎藤恭一／藤岡文世=絵
- 1074　フェルマーの大定理が解けた！　足立恒雄
- 1076　トポロジーの発想　川久保勝夫
- 1141　マンガ 幾何入門　岡部恒治／藤岡文世=絵
- 1201　自然にひそむ数学　佐藤修一
- 1243　高校数学とっておき勉強法　鍵本聡
- 1312　マンガ おはなし数学史　仲田紀夫=原作／佐々木ケン=漫画

- 1332　集合とはなにか 新装版　竹内外史
- 1352　確率・統計であばくギャンブルのからくり　谷岡一郎
- 1353　算数パズル「出しっこ問題」傑作選　仲田紀夫
- 1366　数学版 これを英語で言えますか？　保江邦夫=著／E・ネルソン=監修
- 1383　高校数学でわかるマクスウェル方程式　竹内淳
- 1386　素数入門　芹沢正三
- 1407　入試数学 伝説の良問100　安田亨
- 1419　パズルでひらめく 補助線の幾何学　中村義作
- 1429　数学21世紀の7大難問　中村亨
- 1430　Excelで遊ぶ手作り数学シミュレーション　田沼晴彦
- 1433　なるほど高校数学 三角関数の物語　原岡喜重
- 1453　大人のための算数練習帳 図形問題編　佐藤恒雄
- 1479　大人のための算数練習帳　佐藤恒雄
- 1490　なるほど高校数学 改訂新版　原岡喜重
- 1493　暗号の数理 改訂新版　一松信
- 1536　計算力を強くする　鍵本聡
- 1547　計算力を強くするpart2　鍵本聡
- 1557　ハイレベル中学数学に挑戦　算数オリンピック委員会=監修／青木亮二=解説
- 1595　やさしい統計入門　柳井晴夫／田栗正章／C・R・鷲尾康祝
- 1598　数論入門　芹沢正三
- 1606　なるほど高校数学 ベクトルの物語　原岡喜重
- 関数とはなんだろう　山根英司

ブルーバックス　数学関係書（Ⅱ）

- 1619 離散数学「数え上げ理論」 野崎昭弘
- 1620 高校数学でわかるボルツマンの原理 竹内淳
- 1625 やりなおし算数道場 歌丸優一=漫画
- 1629 計算力を強くする 完全ドリル 鍵本聡
- 1657 高校数学でわかるフーリエ変換 竹内淳
- 1661 史上最強の実践数学公式123 佐藤恒雄
- 1677 新体系 高校数学の教科書（上） 芳沢光雄
- 1678 新体系 高校数学の教科書（下） 芳沢光雄
- 1681 マンガ 統計学入門 神永正博=監訳／井口耕二=訳 アイリーン・V・ルーン=絵 ポリン・V・マグネロ=文
- 1684 ガロアの群論 中村亨
- 1694 なるほど高校数学 数列の物語 小泓正直
- 1704 ウソを見破る統計学 竹内淳
- 1711 傑作！数学パズル50 宇野勝博
- 1724 高校数学でわかる線形代数 竹内淳
- 1738 物理数学の直観的方法〈普及版〉 長沼伸一郎
- 1740 マンガで読む 計算力を強くする 清水健一／銀杏社=構成／がそんみは=マンガ／鍵太郎=原作
- 1743 大学入試問題で語る数論の世界 清水健一
- 1757 高校数学でわかる統計学 竹内淳
- 1764 新体系 中学数学の教科書（上） 芳沢光雄
- 1765 新体系 中学数学の教科書（下） 芳沢光雄

- 1770 連分数のふしぎ 木村俊一
- 1782 はじめてのゲーム理論 川越敏司
- 1784 確率・統計でわかる「金融リスク」のからくり 吉本佳生
- 1786 「超」入門 微分積分 神永正博
- 1788 複素数とはなにか 示野信一
- 1795 シャノンの情報理論入門 高岡詠子
- 1808 算数オリンピックに挑戦'08〜'12年度版 算数オリンピック委員会=編
- 1810 不完全性定理とはなにか 竹内薫
- 1818 オイラーの公式がわかる 原岡喜重
- 1819 世界は2乗でできている 小島寛之
- 1822 マンガ 線形代数入門 細矢治夫／北垣絵美=漫画／鍵本聡=原作
- 1823 三角形の七不思議 細矢治夫
- 1828 リーマン予想とはなにか 中村亨
- 1833 超絶難問論理パズル 小野田博一
- 1838 読解力を強くする算数練習帳 佐藤恒雄
- 1841 難関入試 算数速攻術 佐藤恒雄
- 1851 チューリングの計算理論入門 高岡詠子／松島りつこ=画／中川聖=原作
- 1870 知性を鍛える 大学の教養数学 佐藤恒雄
- 1880 非ユークリッド幾何の世界 新装版 寺阪英孝
- 1888 直感を裏切る数学 神永正博
- 1890 ようこそ「多変量解析」クラブへ 小野田博一

ブルーバックス 数学関係書(Ⅲ)

- 1893 逆問題の考え方 上村 豊
- 1897 算法勝負!「江戸の数学」に挑戦 山根誠司
- 1906 ロジックの世界 ダン・クライアン/シャロン・シュアティル/ビル・メイブリン=絵 田中一之=訳
- 1907 素数が奏でる物語 西来路文朗/清水健一
- 1911 超超数とはなにか 西岡久美子
- 1913 やじうま入試数学 金 重明
- 1917 群論入門 芳沢光雄
- 1921 数学ロングトレイル「大学への数学」に挑戦 山下光雄
- 1927 確率を攻略する 小島寛之
- 1933「P≠NP」問題 野﨑昭弘
- 1941 数学ロングトレイル「大学への数学」に挑戦 ベクトル編 山下光雄
- 1942 数学ロングトレイル「大学への数学」に挑戦 関数編 山下光雄
- 1946 数学ミステリー X教授を殺したのはだれだ! トドリス・アンドリオプロス=原作 タナシス・グキオカス=漫画 竹内 薫/竹内さなみ=訳
- 1949 マンガ「代数学」超入門 藪田真弓/藤原誉枝子=訳 ラリー・ゴニック 鍵本 聡=監訳
- 1961 曲線の秘密 松下泰雄
- 1967 世の中の真実がわかる「確率」入門 小林道正
- 1968 脳・心・人工知能 甘利俊一
- 1969 四色問題 一松 信

- 1973 マンガ「解析学」超入門 ラリー・ゴニック=著・絵 鍵本 聡/坪井美佐=訳
- 1984 経済数学の直観的方法 マクロ経済学編 長沼伸一郎
- 1985 経済数学の直観的方法 確率・統計編 長沼伸一郎
- 1998 結果から原因を推理する「超」入門ベイズ統計 石村貞夫
- 2003 素数はめぐる 西来路文朗/清水健一

ブルーバックス12cm CD-ROM付

- BC06 JMP活用 統計学とっておき勉強法 新村秀一

ブルーバックス

ブルーバックス発の新サイトがオープンしました!

・書き下ろしの科学読み物

・編集部発のニュース

・動画やサンプルプログラムなどの特別付録

ブルーバックスに関する
あらゆる情報の発信基地です。
ぜひ定期的にご覧ください。

ブルーバックス

http://bluebacks.kodansha.co.jp/